"十三五"普通高等教育规划教材

U0204609

特种坝工技术

王瑞骏　李晓娜　编
李　阳　薛杰军
沈振中　主审

中国电力出版社
CHINA ELECTRIC POWER PRESS

内 容 提 要

本书为"十三五"普通高等教育规划教材。书中重点介绍了橡胶坝、尾矿坝、淤地坝及垃圾坝等特种坝工在设计、施工和运行管理等方面的基本知识。

本书主要供水利水电工程专业学生修读特种坝工技术课程使用，也可供其他相近专业学生及相关工程技术人员参考使用。

图书在版编目（CIP）数据

特种坝工技术 / 王瑞骏等编 . —北京：中国电力出版社，2019.3
"十三五"普通高等教育规划教材
ISBN 978-7-5198-2124-1

Ⅰ．①特…　Ⅱ．①王…　Ⅲ．①挡水坝－水利工程－高等学校－教材　Ⅳ．① TV64

中国版本图书馆 CIP 数据核字（2018）第 125198 号

出版发行：中国电力出版社
地　　　址：北京市东城区北京站西街 19 号（邮政编码 100005）
网　　　址：http://www.cepp.sgcc.com.cn
责任编辑：孙　静
责任校对：黄　蓓　李　楠
装帧设计：赵姗姗
责任印制：钱兴根

印　　　刷：北京九州迅驰传媒文化有限公司
版　　　次：2019 年 3 月第一版
印　　　次：2019 年 3 月北京第一次印刷
开　　　本：787 毫米 ×1092 毫米　16 开本
印　　　张：9
字　　　数：216 千字
定　　　价：29.00 元

前　言

国民经济和社会发展水平的不断提高，在园林景观、冶金采矿、水土保持及市政环境等建设工程领域对各种大坝建设提出了更多更高的要求，这些大坝工程（简称坝工）常见的有橡胶坝、尾矿坝、淤地坝及垃圾坝等。这些坝工在功能要求、建设条件和运行方式等方面与传统的水利类大坝存在明显差异。为与传统的水利类大坝有所区别，本书姑且将这类坝工称为特种坝工，将与特种坝工设计、施工和运行管理等有关的工程技术称为特种坝工技术。

按照新时期"宽领域、厚基础"的专业人才培养要求，对于传统上以水利类大坝为主要研究对象的水利水电工程专业而言，培养学生了解和熟悉特种坝工技术，不仅有利于学生拓宽专业知识面，而且有利于学生拓展就业面、提高就业竞争力，并有利于提升本专业的人才培养水平。正是基于上述考虑，我们结合水利水电工程专业教学及学生就业的实际情况，组织编写了本书。

本书重点介绍了橡胶坝、尾矿坝、淤地坝及垃圾坝等特种坝工在设计、施工和运行管理等方面的基本知识。书中第 1 章由王瑞骏编写，第 3 章由王瑞骏和李阳编写，第 2 章由李晓娜编写，第 4 章由李阳编写，第 5 章由薛杰军和李晓娜编写。全书由王瑞骏统稿，河海大学教授沈振中主审。

本书编写过程中，为确保书中内容的新颖性、实用性和系统性，我们广泛查阅并参考了反映前人有关工程实践和研究工作成果的文献资料。在此向所引用文献的专家和学者一并表示诚挚的敬意和谢意！

虽然我们投入了大量精力期望确保本书的编写质量，但由于水平所限，书中难免存在一些不足或缺陷，欢迎各位读者批评指正！

编　者

2019 年 2 月

目　录

第1章　特种坝工的基本概念和特点

1.1　概　　述

国民经济和社会发展水平的不断提高，在园林景观、冶金采矿、水土保持及市政环境等建设工程领域对各种大坝建设提出了更多更高的要求。例如，不少城市为了改善城市的休闲娱乐环境，通过在市区内的河流上兴建一系列橡胶坝，借助橡胶坝壅水以形成城市水面景观；对于冶金采矿企业，为避免尾矿废料对江河水质及生态环境产生污染，往往通过修建尾矿坝，以实现对尾矿废料的拦挡和储存；在水土流失较为严重的沟壑地区，则可通过兴建淤地坝，以有效拦挡泥沙、防止水土流失，同时淤泥成地、增加可利用土地资源；在市政环境治理中，为避免生产和生活垃圾对城市环境产生危害，许多城市利用城市周边有利的沟道地形，通过修建垃圾坝以形成垃圾填埋场，进而实现对城市垃圾的集中堆存与处理。

预计在未来相当长一段时期内，橡胶坝、尾矿坝、淤地坝和垃圾坝将具有越来越广阔的应用前景，相应的筑坝技术也将不断更新和发展，在促进国民经济和社会发展方面进一步发挥其独特的作用。

1.2　特种坝工的基本概念

顾名思义，橡胶坝、尾矿坝、淤地坝和垃圾坝这些特种大坝工程是按照筑坝材料或使用功能等特征而命名的。

橡胶坝[1-3]是将具有一定轮廓尺寸的胶布锚固在混凝土基础底板上，形成封闭袋形，并用水（气）充胀而形成的袋式挡水坝。橡胶坝的坝高可调节，坝顶可溢流，起活动坝和溢流堰的作用，其运用条件与水闸相似。橡胶坝以合成纤维和合成橡胶代替传统的土、石、木、钢等建筑材料，是筑坝材料的一项技术创新。

尾矿坝[4,5]是指拦挡尾矿和水的尾矿库外围构筑物，通常指初期坝和尾矿堆积坝的总体。初期坝是用土、石等材料筑成，并作为尾矿堆积坝排渗或支撑体的坝，它是基建时期由施工单位负责修筑而成的；尾矿堆积坝是生产过程中用尾矿堆积而成的坝。

淤地坝[6,7]是指在沟道中修建的具有滞洪、拦泥、淤地功能的水土保持建筑物，与淤地坝相配套的建筑物通常还有放水建筑物和溢洪道等。淤地坝运行有单坝运行和坝系运行两种方式。在坝系运行方式中，对滞洪、拦泥、淤地具有控制性作用的淤地坝又称为骨干坝。淤地坝一般为均质土坝，采用碾压或水坠等方法施工。

垃圾坝[8,9]是指建在垃圾填埋库区汇水上下游或周边，由土石料或混凝土等材料筑成，通过拦挡以形成垃圾填埋场初始库容为目的的堤坝。

上述尾矿坝、淤地坝和垃圾坝，在功能要求、建设条件和运行条件等方面与传统的水利类大坝（如水利工程中常用的重力坝、拱坝和土石坝等）存在明显差异。橡胶坝虽然属于新型水利类大坝，但由于它仅适用于低水头的闸坝工程，使用上存在一定的局限性，且运行方式相对特殊，因此其与传统的水利类大坝也存在较大差异。为此，本书姑且将这些大坝工程统称为特种坝工，将与特种坝工设计、施工和运行管理等有关的工程技术称为特种坝工技术。

1.3　特种坝工的基本特点

如上所述，本书是从与传统的水利类大坝（以下简称水利类大坝）有所区别的角度而命名的特种坝工，因此，不妨通过特种坝工与水利类大坝的深入比较，来考察特种坝工的基本特点。

1.3.1　特种坝工与水利类大坝的比较

1.3.1.1　特种坝工与水利类大坝的共性

根据上述各种特种坝工的基本概念不难看出，就属性和功能而言，特种坝工也属于大坝工程，与水利类大坝类似，均是通过坝体拦挡以实现在其上游对水（土）体的大量储存。具体来说，特种坝工与水利类大坝的共性主要体现在以下几个方面：

（1）开发方式基本相同。与水利类大坝类似，橡胶坝、尾矿坝、淤地坝和垃圾坝均是基于其功能要求和建设条件等因素，因势利导，就地开发，而且是一次性、不可重复的开发。

（2）承载特征基本相同。橡胶坝是利用坝袋中的水或气所产生的压力所支撑形成的坝体来抵抗坝上游的水压力；尾矿坝、淤地坝和垃圾坝则均是主要利用由土石料或混凝土等筑成的坝体自重来抵抗其上游的土体压力或水压力。因此，就其承载特征而言，与水利类大坝中的土石坝或重力坝基本相同。

（3）设计原理基本相同。橡胶坝、尾矿坝、淤地坝和垃圾坝设计的基本要求为：在各种不利工况下，坝体和坝基必须满足稳定、强度、变形及防渗等要求；设计的基本原则为：工程总体布置及建筑物设计方案等必须满足技术可行、经济合理的原则。因此，特种坝工设计时，一般均需基于上述设计要求和原则，并结合工程的具体功能要求，主要开展以下设计工作：

1）坝址和坝轴线的选择。依据工程规划等前期资料，综合考虑影响工程建设的各种相关因素，通过技术经济综合比较，选择适宜的坝址和坝轴线位置。

2）坝型选择。根据已选定坝轴线处的地形地质、工程施工及运行等条件，通过技术经济综合比较，选择适宜的坝型。例如，橡胶坝通常需进行充水式和充气式等坝型方案的综合比较，尾矿坝的初期坝常需进行均质土坝、透水堆石坝、砌石坝及混凝土坝等坝型方案的综合比较，淤地坝常需进行碾压坝和水坠坝等坝型方案的综合比较，垃圾坝常需进行土石坝、浆砌石坝及混凝土坝等坝型方案的综合比较。

3）工程规模和设计标准的确定。根据工程的功能要求和实际建设条件，结合工程前期规划成果，依据有关设计规范，分析确定工程规模，进而确定工程设计标准（如设计挡水标准、防洪标准、设计地震烈度等）。

4）枢纽布置设计。在坝轴线和坝型选择确定的情况下，通常需以大坝为中心，配套布置相应的其他建筑物或设施。例如，橡胶坝通常需配套布置上、下游翼墙，并布设坝袋的控制和安全观测系统等，尾矿坝通常需配套布置相应的排水设施等，淤地坝通常需配套布置放水建筑物（如放水卧管）及泄洪建筑物（如溢洪道）等，垃圾坝通常需配套布置导排涵管等设施。大坝与这些配套建筑物或设施一起，构成了一个工程枢纽，设计时必须将其作为一个整体来通盘考虑，使各建筑物或设施之间相互协调、有机统一。为此，就必须考虑各种相关因素，进行不同枢纽布置方案的综合比较。

5）坝体设计。针对选定的坝型及枢纽布置方案等，结合坝体运行的典型工况，进行坝体设计。其中包括：

a. 坝体断面设计。如橡胶坝的坝袋设计，尾矿坝（含初期坝和堆积坝）、淤地坝及垃圾坝的坝体断面设计。坝体断面设计通常包括坝顶高程确定、坝体材料选择及材料分区设计、坝体轮廓尺寸拟定、坝体稳定和应力验算等。

b. 坝体构造设计。如橡胶坝的锚固结构设计，尾矿坝、淤地坝及垃圾坝的坝坡排水和坝顶构造设计等。

6）坝基处理设计。为了使坝体运行满足稳定、安全的要求，坝体必须修筑在稳定可靠的地基上。为此，橡胶坝、尾矿坝、淤地坝及垃圾坝均需根据坝体规模、坝基地质等条件进行必要的坝基处理设计，其中包括坝基开挖设计、可能的坝基加固设计及坝基防渗设计。

将上述特种坝工的设计原理（设计要求、设计原则和设计工作内容）与我们所熟知的水利类大坝的设计原理进行比较后不难看出，特种坝工与水利类大坝的设计原理基本相同。

（4）施工方法基本相同。特种坝工的施工程序与水利类大坝基本相同。例如，橡胶坝、尾矿坝、淤地坝及垃圾坝均需首先进行坝基处理施工，然后才进行上部坝体施工。就坝体具体施工方法而言，除橡胶坝是直接进行坝袋安装施工以外，采用土石料作为筑坝材料的尾矿坝、淤地坝及垃圾坝则大多采用碾压式施工方法，与水利类大坝中土石坝的施工方法基本相同；采用混凝土作为筑坝材料的垃圾坝则大多采用常态混凝土浇筑方法进行施工，与水利类大坝中混凝土重力坝的施工方法基本相同。

1.3.1.2　特种坝工与水利类大坝的差异

尽管特种坝工与水利类大坝存在如上所述的诸多共性，但二者仍存在明显差异。其差异主要体现在以下几个方面：

（1）功能要求不同。水利类大坝是通过拦截江河水流，用以调蓄水量和壅高水位的挡水建筑物[10]；以其为核心的大中型水利工程一般均具有涵盖防洪、发电、供水及灌溉等的综合利用功能。各种特种坝工的功能要求则各不相同，且其功能均相对单一。例如，橡胶坝的功能是形成城市水面景观，尾矿坝的功能是拦蓄尾矿废料，淤地坝的功能是淤泥成地，垃圾坝的功能是拦挡垃圾堆体。

（2）建设条件不同。水利类大坝的兴建，不仅受制于坝址处地形、地质、施工、运行管理及投资等土建工程建设的一般条件，更受制于坝址处江河的水文和气象等条件。除橡胶坝外，尾矿坝、淤地坝及垃圾坝通常建在天然径流很小，甚至常年基本无径流的沟道或平坦场地上；除橡胶坝和淤地坝外，尾矿坝和垃圾坝的施工和运行受径流、洪水、泥沙及气象条件等影响较小。即使是建于河道或沟道上的橡胶坝和淤地坝，与一般水利类大坝相比较，由于其坝高通常较小，因此其施工和运行受到水文和气象条件的影响也相对较小。

（3）运行条件不同。水利类大坝是围绕对水的安全合理利用来运行的，其主要运行特征是挡水、拦沙，作用于坝体和坝基的水压力等荷载一般相对较大。但特种坝工与此不同，例如，橡胶坝在汛期以外主要是围绕人们对水面景观的需求而运行的，尽管也是挡水运行，但作用于大坝的水压力相对较小；尾矿坝主要拦挡的是尾矿废料，影响其运行安全的主要为尾矿废料作用于坝体的土压力；淤地坝主要拦挡的是淤泥，其运行特征与尾矿坝相似；垃圾坝拦挡的是垃圾堆体，影响其运行安全的主要为垃圾堆体的推力荷载。

1.3.2　特种坝工的基本特点

根据上述关于特种坝工与水利类大坝的比较分析结果，概括起来而言，特种坝工的基本特点主要有：

（1）在开发方式、承载特征、设计原理及施工方法等方面，特种坝工与水利类大坝基本相同。

（2）在功能要求上与水利类大坝有所不同，各种特种坝工的功能要求各不相同，且其功能均相对单一。

（3）在建设条件上与水利类大坝有所不同，各种特种坝工基本不受或很少受到水文和气象等条件的影响。

（4）在运行条件上与水利类大坝有所不同，各种特种坝工的拦挡对象不同，所受荷载均相对较小。

思　考　题

1. 特种坝工、特种坝工技术的概念。
2. 特种坝工与水利类大坝的共性。
3. 特种坝工与水利类大坝的差异。
4. 特种坝工的基本特点。

参　考　文　献

[1]　高本虎. 橡胶坝工程技术指南 [M]. 2 版. 北京：中国水利水电出版社，2006.
[2]　高本虎. 国内外橡胶坝发展概况和展望 [J]. 水利水电技术，2002，33（10）：5-8.
[3]　陆吾华，侯作启. 橡胶坝设计与管理 [M]. 北京：中国水利水电出版社，2005.
[4]　金有生. 尾矿库建设、生产运行、闭库与再利用、安全检查与评价、病案治理及安全监督管理实务全书（第一册）[M]. 北京：中国煤炭出版社，2005.
[5]　中国有色金属工业协会. 尾矿设施设计规范：GB 50863—2013 [S]. 北京：中国计划出版社，2013.
[6]　黄河上中游管理局. 淤地坝概论 [M]. 北京：中国计划出版社，2004：8，10-18，20-26.
[7]　中华人民共和国水利部. 水土保持治沟骨干工程技术规范：SL 289—2003 [S]. 北京：中国水利水电出版社，2003.
[8]　中华人民共和国住房和城乡建设部. 生活垃圾卫生填埋处理技术规范：GB 50869—2013 [S]. 北京：中国计划出版社，2013.
[9]　冯凌溪. 垃圾填埋场重力式垃圾坝的工程设计 [J]. 中国给水排水，2009，25（8）：42-43.
[10]　李珍照，王益敏，陈胜宏，等. 中国水利百科全书（水工建筑物分册）[M]. 北京：中国水利水电出版社，2004.

第 2 章 橡 胶 坝

2.1 概 述

橡胶坝是自 1957 年以来，随着高分子合成材料工业的发展而出现的一种水工建筑物[1,2]。橡胶坝是将具有一定轮廓尺寸的胶布锚固在混凝土基础底板上，形成封闭袋形，并用水（气）充胀而形成的袋式挡水坝。其中，胶布是由高强力合成纤维织物等做受力骨架，内外涂敷合成橡胶作黏结保护层加工而成的。橡胶坝充水（气）后，坝袋胶布的合成纤维承受拉力，作用在坝体上的水压力通过锚固螺栓传递到混凝土基础底板上，使坝袋得以稳定。不需要挡水时，放空坝袋内的水（气）便可恢复原有河渠的过流断面。橡胶坝的坝高可调节，坝顶可溢流，起活动坝和溢流堰的作用，其运用条件与水闸相似。橡胶坝以合成纤维和合成橡胶代替传统的土、石、木、钢等建筑材料，是筑坝材料的一项技术创新。根据坝袋材料性质和工作特性的不同，国外除橡胶坝之外还有尼龙坝、织物坝、可充胀坝、可伸缩坝或软壳水工结构等各种不同的命名，而我国则将这类坝统称为橡胶坝[3]。

2.1.1 橡胶坝的发展[1-5]

1957 年，美国加利福尼亚州水利电力局在洛杉矶河上试建了世界上第一座橡胶坝，坝高 1.52m，长 6.1m，坝袋胶布厚度为 3mm，强度为 90kN/m，坝袋由火石轮胎橡胶公司生产。自从美国第一座橡胶坝试验成功以后，由于经济效益显著，橡胶坝得到广泛应用。在橡胶坝的早期发展阶段，美国、英国、苏联等国家对橡胶坝进行了相关的试验研究。法国、捷克、荷兰、德国、意大利、日本等国家先后兴建了不同结构形式的橡胶坝，不断地发展了橡胶坝建坝技术。1965 年，日本和我国同时开始兴建橡胶坝，但日本橡胶坝的发展速度远比我国要快。1975 年，日本发布了《橡胶坝技术标准》，并于 1983 年和 2000 年进行了修订。该标准比较系统地总结了日本橡胶坝建设的工程实践经验，对橡胶坝设计、施工、运用管理等内容作出了翔实、适用的规定。

我国橡胶坝的发展历史，按年代大体可分为 4 个阶段：

（1）1965～1970 年：研究试验阶段。我国于 1965 年下半年开始进行橡胶坝技术的研究工作，首先开展的是室内水工模型试验，对橡胶坝袋的计算、设计、制造工艺、橡胶配方、帆布纺织等方面进行了一系列的研究。到 1968 年底，全国已建成橡胶坝 15 座。其中，建于 1966 年的北京右安门橡胶坝最具代表性，也是我国第一座橡胶坝。

（2）1970～1979 年：总结改进阶段。由于处于"文革"时期，此阶段橡胶坝的发展一度处于停滞状态。

（3）1979～1992 年：交流经验、总结推广、稳步发展阶段。在此阶段，国家组织编制了《橡胶坝技术指南》，并由水利部 1989 年颁布。

（4）1992 年至今：快速发展阶段。我国橡胶坝在科研、设计、施工、运用管理以及坝袋制造和防护等方面的技术已较成熟，并具备了广泛推广应用的条件。橡胶坝技术于 1992 年被国家科学委员会批准列入国家级科技成果重点推广计划项目。为促进橡胶坝技术发展，橡胶坝学会于 1994 年召开了全国橡胶坝技术研讨会；1995 年在北京召开了中日橡胶坝技术交流会，等等。为使橡胶坝工程在规划、设计、建设和运行管理等方面有法可依，1998 年由水利部农村水利司主持制订了《橡胶坝技术规范》（SL 227—1998），并于 1999 年 1 月 1 日颁布实施。

2.1.2　橡胶坝的特点[1-5]

与其他常规坝型相比，橡胶坝的主要特点有：

（1）造价低、节省筑坝材料。与同规模的常规坝型相比，橡胶坝一般可节省造价 30%～70%。

橡胶坝袋用薄壁柔性结构代替钢材、木材及钢筋混凝土结构，筑坝材料用量显著减少，一般可节省钢材 30%～70%、水泥 30%～60%、木材 40%～60%[5]。

（2）结构简单、工期短、管理方便、运行费用低。橡胶坝坝体为薄壁胶布结构，质量小而简单，锚固结构和锚固施工工艺也不复杂，坝袋安装时间较短。同时，由于整个工程的结构相对简化，因此工期大大缩短。

橡胶坝通过向坝袋内充排水（气）来调节坝顶升降，控制系统仅由水泵（空气压缩机）、阀门等组成，简单可靠、管理方便、运行费用低。

（3）跨度大，地形适应性强；不阻水、止水效果好。橡胶坝坝袋内部与外部对其作用力均垂直于坝轴线，与坝袋长度无关，所以其跨度可以很大，一般认为橡胶坝的经济跨度为 100m。坝袋泄空后，仅有很薄的坝袋胶布紧贴在底板上；在建造时保证橡胶坝基础不抬高、河床不束窄的前提下，对原有河道过水断面几乎没有影响，基本没有阻水问题。橡胶坝坝袋密封锚固在底板和岸墙上，可以达到良好的止水效果。

（4）抗震和抗冲击性能好。橡胶坝的坝体为柔性薄壳结构，质量小，富有弹性，可适应基础的不均匀沉陷，没有很高的启闭机架、工作桥等，能较好地承受地震波和水流的剧烈冲击。河北省唐山陡河橡胶坝工程建于 1968 年，1976 年唐山大地震时，大量城市建筑和水工建筑被破坏，而该橡胶坝却安然无恙，说明橡胶坝具有很好的抗震性能。

2.2　橡胶坝工程设计

2.2.1　工程规划[1-6]

橡胶坝工程规划的主要内容包括坝址选择，工程总体布置，坝袋结构形式、坝长、坝高、充排系统的确定，以及工程概算、基本技术经济指标及环境影响评价等方面。

2.2.1.1　基本资料

在工程设计之前，应搜集、整理、分析研究和掌握坝址地区的地形、气象、水文、工程地质、水文地质、内外交通、流域水利综合利用规划、人文景观、社会经济、环境保护及生态平衡等资料。

（1）地形资料包括工程规划区地形图、坝址地形图、回水区域地形图、河道纵横断面图；测量范围应根据工程任务和规模确定，各种图的比例尺应符合有关规定。

（2）水文气象资料应包括流域概况和河道特征，坝址河段的流量、泥沙、冰情、水质、漂浮物，以及气温、降水、蒸发、湿度、风力、风向、日照、冰冻期、冻土深、潮汐等。

（3）工程地质和水文地质资料应包括坝址地质纵横断面图，地基和天然建筑材料的物理力学指标，地下水水位、比降、水质，可按《中小型水利水电工程地质勘察规范》（SL 55—2005）的有关要求进行地质勘察工作。

（4）工程规划还应搜集有关橡胶坝袋生产厂家的产品、规格以及已建橡胶坝工程资料。

（5）社会经济、环境保护及生态平衡资料主要包括社会（地区）经济资料，工程规划设计指标，水利效益资料，年运行和有关支出费用资料，经济分析和财务分析资料和环境影响评价资料等。

2.2.1.2　坝址选择

坝址选择应从地形地质条件、水流条件、施工和运行管理条件三方面进行综合考虑。

（1）地形地质条件。坝址应选择地形开阔、岸坡稳定的河段。坝址宜选择在坚硬、紧密、地质条件良好的天然地基上，尽量避免采用人工处理地基。根据地基土性质不同，底板结构形式亦有所不同：对于坚硬、紧密的地基，底板可以采用整体式；中等坚硬、紧密的地基，底板可以采用分离式；松软地基或地震区，则可采用桩基分离式底板。

（2）水流条件。橡胶坝坝址宜选择在河道顺直、水流流态平稳的河段，不宜选在弯道、断面狭窄、水流湍急的河段。过坝水流必须均匀平顺，否则会引起坝袋振动，加剧坝袋磨损，缩短坝袋使用寿命。为保证过坝水流平稳，防止坝袋发生剧烈振动，坝址上下游均应该有一定长度的平直段；坝轴线应垂直于河道的水流方向。另外，坝址最好远离多支流的汇合口。若在多支流汇合口下游修建橡胶坝，坝址与汇合口应保持相当于橡胶坝上游河道水面宽度 3 倍以上的距离；若在弯曲型河道下游修建橡胶坝，坝址与弯道处河流中心线间应至少保持相当于橡胶坝上游河道水面宽度 3 倍的距离。

（3）施工和运行管理条件。坝址选择应考虑施工导流、施工场地布设和运行条件。施工场地尽量宽阔，交通、通信、供水、供电等满足施工、坝袋安装和运行管理的要求；为方便检修，坝址宜选择在河流枯水期不筑围堰即能检修的地点；若在枯水期流量较大的河流上修建橡胶坝，则应考虑检修时的导流方式。

坝址选择宜有利于枢纽工程总体布置，重要工程应有水工模型试验论证。

2.2.1.3　工程等别及建筑物级别

橡胶坝工程主要用于日常调节水位、控制流量或防止潮水倒灌，以及在汛期塌坝排泄洪水，由于排泄洪量较大，因此可选用最大过坝流量作为橡胶坝工程的一项重要分等指标。根据橡胶坝最大过坝流量及其防护对象的重要性，其等别划分可参照表 2.1[1]确定。

表 2.1　　　　　　　　　　　　橡胶坝工程分等指标

工程等别	Ⅰ	Ⅱ	Ⅲ	Ⅳ	Ⅴ
规模	大（1）型	大（2）型	中型	小（1）型	小（2）型
最大过坝流量（m³/s）	≥5000	5000～1000	1000～100	100～20	<20
防护对象的重要性	特别重要	重要	中等	一般	—

橡胶坝工程中的水工建筑物应根据其所属工程等别、作用和重要性划分级别，其级别可按表 2.2[1]确定。

表 2.2   橡胶坝工程建筑物级别划分

工程等别	永久性建筑物级别		临时性建筑物级别
	主要建筑物	次要建筑物	
Ⅰ	1	3	4
Ⅱ	2	3	4
Ⅲ	3	4	5
Ⅳ	4	5	5
Ⅴ	5	5	—

注　永久性建筑物是指枢纽工程运行期间使用的建筑物；主要建筑物是指失事后将造成下游灾害或严重影响工程效益
的建筑物；次要建筑物是指失事后不致造成下游灾害或对工程效益影响不大并易于修复的建筑物；临时性建筑物
是指枢纽工程施工期间使用的建筑物。

2.2.1.4　橡胶坝工程布置

橡胶坝工程规模主要是指坝的高度和长度。设计坝高是指坝袋内压为设计内压、坝上游
水位为设计水位、坝下游水位为零时的坝袋挡水高度。坝长是指两岸端墙之间坝袋的距离，
如为直墙连接时是直墙之间的距离；两岸为斜坡连接时指坝袋达设计坝高时沿坝顶轴线上口
的长度。多跨橡胶坝的边墙和中墩若为直墙，则坝长为边墙和中墩或中墩与中墩的内侧之间
的净距。在橡胶坝工程建设中，应在确保工程安全的前提下，因地制宜地确定橡胶坝的坝高
和坝长。

橡胶坝工程一般由三部分构成：①土建部分，包括底板、边墩（岸墙）、中墩（多跨
式）、上下游翼墙、上下游护坡、上游防渗铺盖、下游消力池和海漫等；②坝体（橡胶坝
袋）；③控制和安全观测系统，包括充胀和塌落坝体的充排设备、安全及检测装置。某城市
水面景观橡胶坝工程布置如图 2.1 所示。

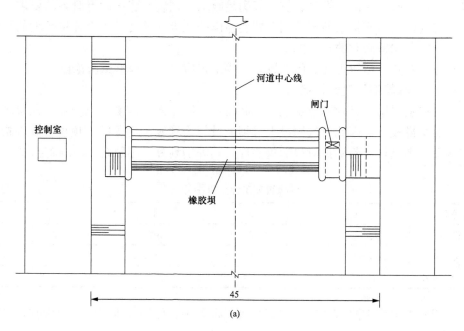

图 2.1　某橡胶坝工程布置图（单位：m）（一）

（a）平面图

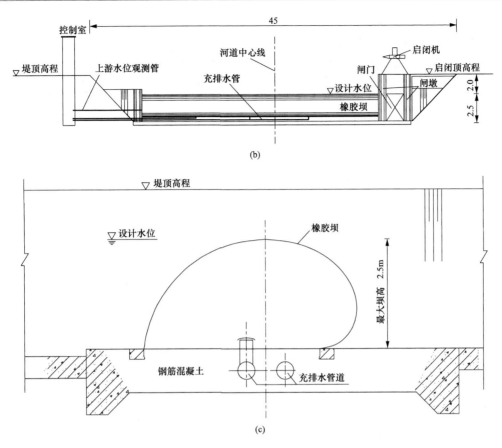

图 2.1　某橡胶坝工程布置图（单位：m）（二）

(b) 下游立视图；(c) 坝体横剖面图

橡胶坝工程布置应遵循以下原则[6]：

(1) 坝轴线应与坝址处河段上游主流流向垂直；坝长应与河（渠）宽度相适应，塌坝时应符合河道设计行洪要求，单跨坝长度应符合坝袋制造、运输、安装、检修以及管理要求。

(2) 坝袋设计高度应根据工程规划与利用要求综合确定。坝顶高程宜高于上游正常蓄水位 0.1～0.2m，坝顶泄洪能力按《橡胶坝工程技术规范》（GB/T 50979—2014）中附录 A 进行计算。

(3) 坝袋与两岸连接布置，应使过坝水流平顺。边墙顶高程应根据设计洪水位加安全超高确定。

(4) 坝袋充排控制设备及安全观测装置均宜设在控制室内。

(5) 多跨橡胶坝之间应设置隔墩，墩高不应低于坝顶最高溢流水位，墩长应大于坝袋工作状态时的长度。

橡胶坝工程规划期还需要对工程进行经济效益分析，并进行必要的环境影响评价。

2.2.2　工程设计

橡胶坝工程主要根据《橡胶坝工程技术规范》（GB/T 50979—2014）[6]的相关规定进行设计。

2.2.2.1　坝袋设计

橡胶坝按坝袋内充胀介质不同，划分为充水式橡胶坝、充气式橡胶坝和水气混合式橡胶坝，如图 2.2 所示[1]；按锚固坝袋方式，分为无锚固坝、单锚固坝和双锚固坝；按坝袋数量多少，划分为单袋式和多袋式。除此之外，还有蓬式橡胶坝、刚柔混合式橡胶坝等。目前应用较广的是单袋式充水或充气橡胶坝。

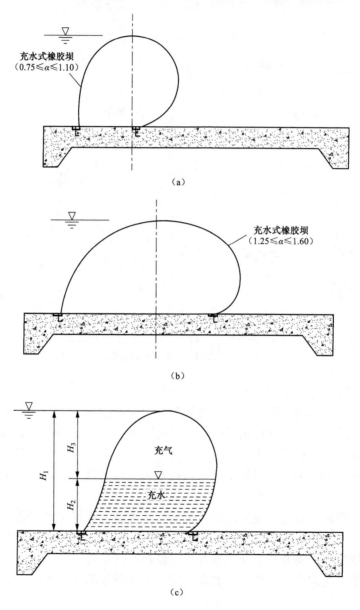

图 2.2　不同种类橡胶坝示意图

（a）充气式橡胶坝；（b）充水式橡胶坝；（c）水气混合式橡胶坝

α—坝袋内、外压比

充水式橡胶坝完全用水充胀坝袋。充水式橡胶坝在坝顶溢流时袋形比较稳定，过水均匀，对下游冲刷较小；对气密性要求低。

充气式橡胶坝完全用空气充胀坝袋。由于气体具有较大的压缩性，充气式橡胶坝在坝顶溢流时，会出现凹口现象，水流集中，对下游河道冲刷较强；在有冰冻地区，充气式橡胶坝内的介质没有冰冻问题；充气式橡胶坝坍坝迅速，对气密性要求高。

水气混合式橡胶坝的坝袋内部分充水，部分充气。它利用了充水式橡胶坝气密性要求低的优点和充气式橡胶坝坍坝迅速的特点，但这需两套充排设备，管理运用麻烦，现水气混合式的橡胶坝应用很少。

橡胶坝坝袋设计原则为[6]：

（1）坝袋的充坝介质按运行要求、工作条件、技术经济指标综合比较后确定。

（2）坝体布置可采用单跨式或多跨式。单跨坝袋长度不宜超过 100m。

（3）坝袋设计的主要荷载应为坝袋外的静水压力和坝袋内的充水（气）压力。

（4）坝袋设计内、外压比 α 值应经技术经济比较后确定。充水式坝袋的内、外压比值宜选用 1.25～1.60，充气式坝袋的内、外压比值宜选用 0.75～1.10。

（5）坝袋袋壁承受的环向拉力应根据薄壳理论按平面问题进行计算。

（6）充水式坝袋的强度设计安全系数不低于 6.0，充气式坝袋的强度设计安全系数不低于 8.0。

（7）坝袋胶布除强度要求外，还应具有耐老化、耐腐蚀、耐磨损、抗冲击、抗屈挠、抗冻、耐水、耐寒性能。

坝袋设计计算内容主要包括坝袋环向拉力、坝袋环向各部尺寸、坝袋单宽容积、坝袋堵头轮廓坐标。坝袋设计计算工况为上游水深等于坝高、下游无水情况。

下面以充水式橡胶坝为例，对橡胶坝坝袋设计进行详细说明。

1. 坝袋参数计算的基本假设和基本计算公式

（1）基本假设：

1）坝袋只承受拉力，不承受弯矩和剪切力；

2）坝袋胶布在坝袋充胀或挡水过程中所承受的静水压力以及锚固力均垂直于坝轴线，故可按平面问题考虑；

3）坝袋胶布厚度远远小于坝袋断面尺寸，故可以忽略胶布厚度及自重影响，认为袋壁拉力作用于胶布厚度中心；坝袋胶布受力后弹性伸长的影响可忽略不计。

（2）坝袋计算基本公式：根据以上基本假设，在如图 2.3 所示[1]的橡胶坝坝壳上切取一微分面积 dF，经向宽度 ds_1，中心角 $d\varphi_1$，经向曲率半径 R_1；纬向宽度 ds_2，中心角 $d\varphi_2$，

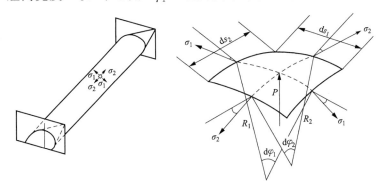

图 2.3　坝袋计算图

纬向曲率半径 R_2；袋壁内外压力差为 P。假设河床中的坝袋沿轴线方向是平直的，那么 $R_2=\infty$，坝袋承受内水压力时，袋壁产生的应力即为环向拉力 T，即

$$T = PR_1 \tag{2.1}$$

式（2.1）即为橡胶坝袋设计基本计算公式，也是常见的薄壳理论计算公式。

2. 充水式坝袋计算公式

（1）坝袋计算工况。坝袋运行工况较多，图 2.4[4] 所示为五种常见的运行工况。当坝袋内外压比相同时，(a)、(b) 两种工况的坝袋胶布环向拉力 T 相等，且大于其他三种运行工况，因此采用工况 (b) 进行设计。

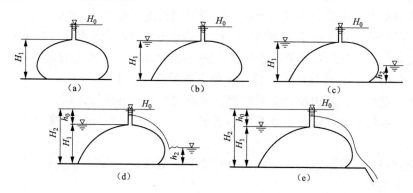

图 2.4 充水式坝袋常见运行工况

(a) 竣工时充胀试坝或检修试水工况；(b) 上游水位与坝顶齐平、下游无水工况；(c) 上游水位与坝顶齐平、下游有水工况；(d) 下游有水立坝泄洪工况；(e) 下游无水立坝泄洪工况

H_0—坝袋内压水头；H_1—设计坝高；H_2—上游水位；h_0—溢流水深；h_2—下游水深

（2）坝袋参数计算公式：

1）断面内力 T 计算公式。考察下游侧断面，取单宽坝袋分离体，如图 2.5 所示[4]。在直角坐标系 Oxy 中，x 轴沿坝袋底部水平向右，y 轴通过坝袋顶点 B 向上。沿 y 轴将坝袋断面切开，在 B 点切口处有一水平向左的拉力 T，在 D 点锚固处有一与 x 轴成 θ_0 夹角的拉力 T。根据力的平衡，各力在 x 轴上的投影之和为零，即

$$\frac{\gamma}{2}(2H_0H_1 - H_1^2 - h_2^2) - T + T\cos\theta_0 = 0$$

变换得

$$T = \frac{\gamma}{2}\frac{2H_0H_1 - H_1^2 - h_2^2}{1 - \cos\theta_0}$$

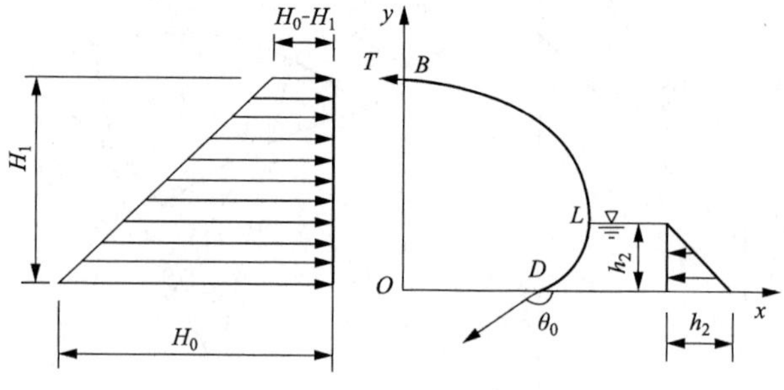

图 2.5 坝袋下游受力图

式中：T 为坝袋断面内力（坝袋壁环向拉力）；H_0 为坝袋内压力；H_1 为坝袋设计高；γ 为水的容重。当 $\cos\theta_0 = -1$ 或 $\theta_0 = \pm\pi$ 时，T 值最小，此最小值不仅有利于强度较低的材料，还可以减小断面尺寸，正是设计所需要的，即

$$T = \frac{\gamma}{4}(2H_0 H_1 - H_1^2 - h_2^2) \tag{2.2}$$

若坝袋下游无水，即 $h_2 = 0$，并令 $\alpha = \dfrac{H_0}{H_1}$，则坝袋断面内力为

$$T = \frac{\gamma}{4}(2\alpha - 1)H_1^2 \tag{2.3}$$

式（2.3）即为设计时常用的计算荷载公式，α 为坝袋内外压比。

2）坝袋外形尺寸的计算。进行坝袋外形尺寸计算是为了确定坝袋各部位尺寸及坝袋的单宽容积。充胀后的坝袋轮廓可分成 4 个部分，即上游坝面曲线段长度 S_1、下游坝面曲线段长度 S、上游侧贴地段长度 n、下游侧贴地段长度 X_0，如图 2.6 所示[6]。计算公式如下：

a. 采用单锚线锚固坝袋的有效周长（不包括锚固长度）为

$$L_s = S_1 + S + n + X_0 \tag{2.4}$$

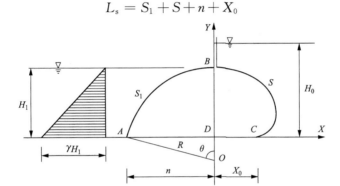

图 2.6　充水式橡胶坝计算示意图

b. 采用双锚线锚固坝袋的有效周长（不包括锚固长度）为

$$I_d = S_1 + S \tag{2.5}$$

c. 采用双锚线锚固的底垫片有效长度（不包括锚固长度）为

$$I_c = n + X_0 \tag{2.6}$$

坝袋各部分 n、S_1、S 与 X_0 的计算公式如下

$$n = \frac{1}{\sqrt{2(\alpha - 1)}}H_1 \tag{2.7}$$

$$S_1 = R\theta \tag{2.8}$$

当 $\alpha \leqslant 1.5$ 时，

$$\theta = \sin^{-1}\frac{n}{R} \tag{2.9}$$

当 $\alpha > 1.5$ 时，

$$\theta = \pi - \sin^{-1}\frac{n}{R} \tag{2.10}$$

$$S = \left(1 - \frac{1}{2\alpha}\right)H_1 F\left(k, \frac{\pi}{2}\right) \tag{2.11}$$

$$X_0 = \left(\alpha - 1 + \frac{1}{2\alpha}\right)H_1 F\left(k, \frac{\pi}{2}\right) - \alpha H_1 E\left(k, \frac{\pi}{2}\right) \tag{2.12}$$

上游坝面曲线段半径 R 的计算公式为

$$R = \frac{2\alpha-1}{4(\alpha-1)}H_1 \tag{2.13}$$

其中，$F\left(k,\frac{\pi}{2}\right)$、$E\left(k,\frac{\pi}{2}\right)$分别为第一、第二类完全椭圆积分。

$$F\left(k,\frac{\pi}{2}\right) = \int_0^{\pi/2} \frac{1}{\sqrt{1-k^2\sin^2\varphi}}\mathrm{d}\varphi \tag{2.14}$$

$$E\left(k,\frac{\pi}{2}\right) = \int_0^{\pi/2} \sqrt{1-k^2\sin^2\varphi}\mathrm{d}\varphi \tag{2.15}$$

$$k^2 = \frac{2\alpha-1}{\alpha^2} \tag{2.16}$$

3）坝袋单宽容积计算

$$V = \frac{1}{2}R^2\theta - \frac{1}{2}n(R-H_1) + \alpha H_1 X_0 \tag{2.17}$$

4）坝袋横断面曲线坐标计算：

上游坝面曲线段坐标

$$x = -\sqrt{y^2+2R(R-H_1)-2RH_1+H_1^2} \tag{2.18}$$

下游坝面曲线段坐标

$$x = X_0 - \left(\alpha-1+\frac{1}{2\alpha}\right)H_1 F(k,\varphi_1) + \alpha H_1 E(k,\varphi_1) \tag{2.19}$$

其中，$F(k,\varphi_1)$、$E(k,\varphi_1)$分别为第一、第二类不完全椭圆积分。

$$F(k,\varphi_1) = \int_0^{\varphi_1} \frac{1}{\sqrt{1-k^2\sin^2\varphi}}\mathrm{d}\varphi \tag{2.20}$$

$$E(k,\varphi_1) = \int_0^{\varphi_1} \sqrt{1-k^2\sin^2\varphi}\mathrm{d}\varphi \tag{2.21}$$

$$\varphi_1 = \sin^{-1}\sqrt{\frac{2\alpha\frac{y}{H_1}-\frac{y^2}{H_1}}{2\alpha-1}} \tag{2.22}$$

坝袋各项设计参数还可通过查表法、图解法进行计算[4]。

3. 坝袋参数计算例题

某橡胶坝工程，坝高 $H_1=3.0\text{m}$，坝袋内外压比 $\alpha=1.3$，上游水位与坝顶齐平、下游无水情况，求坝袋各参数值，并绘制坝袋断面图形。

（1）坝袋断面内力 T，根据式（2.3）得

$$T = \frac{\gamma}{4}(2\alpha-1)H_1^2 = \frac{10}{4}\times(2\times1.3-1)\times3^2 = 36.0(\text{kN/m})$$

（2）上游坝面曲率半径 R，根据式（2.13）得

$$R = \frac{2\alpha-1}{4(\alpha-1)}H_1 = \frac{2\times1.3-1}{4\times(1.3-1)}\times3 = 4.0(\text{m})$$

（3）坝袋上游贴地长度 n，根据式（2.7）得

$$n = \frac{1}{\sqrt{2(\alpha-1)}}H_1 = \frac{1}{\sqrt{2\times(1.3-1)}}\times3 = 3.873(\text{m})$$

（4）上游坝面中心角 θ，因为 $\alpha=1.3<1.5$，故根据式（2.9）得

$$\theta = \sin^{-1}\frac{n}{R} = \sin^{-1}\frac{3.873}{4.0} = 75.53°$$

（5）上游坝面弧长 S_1，根据式（2.8）得

$$S_1 = R\theta = 5.27(\text{m})$$

（6）坝袋下游贴地长度 X_0，根据式（2.12）得

$$
\begin{aligned}
X_0 &= \left(\alpha - 1 + \frac{1}{2\alpha}\right)H_1 F\left(k, \frac{\pi}{2}\right) - \alpha H_1 E\left(k, \frac{\pi}{2}\right) \\
&= \left(1.3 - 1 + \frac{1}{2 \times 1.3}\right) \times 3 \times F\left(k, \frac{\pi}{2}\right) - 1.3 \times 3 \times E\left(k, \frac{\pi}{2}\right) \\
&= 2.054 F\left(k, \frac{\pi}{2}\right) - 3.9 E\left(k, \frac{\pi}{2}\right)
\end{aligned}
$$

根据式（2.14）和式（2.15）得

$$F\left(k, \frac{\pi}{2}\right) = F\left(0.973, \frac{\pi}{2}\right) = 2.8776$$

$$E\left(k, \frac{\pi}{2}\right) = E\left(0.973, \frac{\pi}{2}\right) = 1.0637$$

$$X_0 = 2.054 \times 2.8776 - 3.9 \times 1.0637 = 1.7622(\text{m})$$

（7）下游坝面弧长 S，根据式（2.11）得

$$S = \left(1 - \frac{1}{2\alpha}\right)H_1 F\left(k, \frac{\pi}{2}\right) = \left(1 - \frac{1}{2 \times 1.3}\right) \times 3 \times 2.8776 = 5.3125(\text{m})$$

（8）单宽坝袋容积，根据式（2.17）得

$$
\begin{aligned}
V &= \frac{1}{2}R^2\theta - \frac{1}{2}n(R - H_1) + \alpha H_1 X_0 \\
&= \frac{1}{2} \times 4^2 \times 1.3182 - \frac{1}{2} \times 3.873 \times (4 - 3) + 1.3 \times 3 \times 1.7622 \\
&= 15.482(\text{m}^3/\text{m})
\end{aligned}
$$

根据计算所得的上游坝面曲率半径 R 可以绘出上游坝面，利用坝袋横断面坐标公式求出下游坝面曲线纵坐标值，即可绘出坝袋下游坝面图形。

2.2.2.2　锚固结构设计

1. 锚固线布置

按坝袋与底板、两岸边坡的连接方式不同，锚固线布置方式可分为单线锚固（见图 2.7[4]）和双线锚固（见图 2.8[4]）。

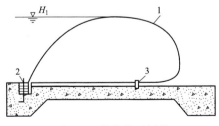
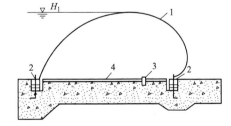

图 2.7　单线锚固坝袋　　　　　　　　　图 2.8　双线锚固坝袋
1—坝袋；2—锚固结构；3—充排管　　　　1—坝袋；2—锚固结构；3—充排管；4—底垫片

单线锚固是在坝底板上游侧只布置一条锚固线。在坝顶溢流、下游水位波动较大或风向逆流、风力大时，坝体稳定性变差。单线锚固坝适用于较小型、单向挡水且高度不大的平原地区的橡胶坝工程。

双线锚固是在坝底板上、下游侧布置两条锚固线。为防止基础底板渗漏，在两条锚固线之间的贴地坝袋可用加纱胶片（也称底垫片）代替。双线锚固坝袋稳定性优于单线锚固，但是施工、安装、检修相对于单线锚固坝工作量大。一般情况下，规模较大或多沙河流或风浪作用大的橡胶坝袋工程需采用双线锚固。双线锚固坝袋又分单向挡水坝袋和双向挡水坝袋，其锚固线布置形式各不相同。

2. 锚固结构形式

橡胶坝的锚固结构主要是将坝袋胶布锚固在基础底板、端墙上，使其构成一个密封的袋体。坝袋承受的水压力等荷载通过锚固系统传递给坝底板，因此锚固结构是橡胶坝的主要组成部分。

橡胶坝锚固结构形式按所采用锚固构件的材料不同，可分为螺栓压板式锚固、楔块挤压式锚固和胶囊充水式锚固。

螺栓压板式锚固按锚紧坝袋的方式不同，可分为穿孔锚固和不穿孔锚固；其锚固力可控，安装止水效果好，安装方便，但造价较高，一般适用于坝高 3.5m 以上的橡胶坝。混凝土楔块挤压式锚固是我国首创，因其造价低使用较多，但楔块重复利用率低、锚固密封性差，一般用于坝高较低、所需坝袋锚固力不高或坝袋胶布较薄的工程。胶囊充水式锚固由南京水利科学研究院研制，并应用于安徽省新马桥橡胶坝工程，这种锚固形式必须保持胶囊内压持续稳定，管理较麻烦。

3. 锚固构件计算

下面对螺栓压板式锚固结构构件的计算方法作一介绍。以上游锚固线穿孔锚固方法为例，如图 2.9 所示[4]。

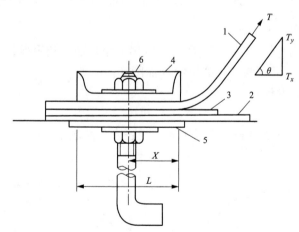

图 2.9　螺栓压板式锚固计算简图

1—坝袋；2—底垫片；3—止水海绵胶片；4—上压板；5—下压板；6—螺栓

（1）螺栓直径 d 的计算。坝袋充胀挡水时，螺栓既要承受锚固坝袋需要的拉力 G_1，又要承受上压板的偏心拉力 G_2。螺栓所承受锚固坝袋的拉力 G_1 即为压板的正压力，又因坝袋胶布受两面摩擦，故

$$G_1 = \frac{T}{f + f_1} \tag{2.23}$$

$$G_2 = \frac{TL\sin\theta}{L - l} \tag{2.24}$$

式中：G_1、G_2 为螺栓承受的拉力，N；T 为坝袋环向拉力，N；f 为坝袋胶布与止水海绵胶片之间的摩擦系数；f_1 为坝袋胶布与上压板之间的摩擦系数；L 为上压板宽度，cm；θ 为拉力 T 与基础底板的夹角，(°)；l 为上压板端头至螺栓中心的距离，cm。

螺栓承受的总拉力为

$$G = G_1 + G_2 = \frac{T}{f+f_1} + \frac{TL\sin\theta}{L-l} \qquad (2.25)$$

令 $P_0 = K_1 G = K_1\left(\dfrac{T}{f+f_1} + \dfrac{TL\sin\theta}{L-l}\right)$，其中 P_0 为螺栓设计拉力，N；K_1 为安全系数，取 $K_1 = 3.0$。

如果螺栓在压板中部，即 $l = L/2$，夹角 $\theta = 90°$（$\alpha = 1.5$）时，螺栓设计拉力为

$$P_0 = K_1\left(\frac{T}{f+f_1} + 2T\right) \qquad (2.26)$$

设每米宽的坝袋胶布设置 n 个螺栓，则每个螺栓的设计拉力 T_0 为

$$T_0 = \frac{100}{n}P_0 = \frac{100K_1}{n}\left(\frac{T}{f+f_1} + \frac{TL\sin\theta}{L-l}\right) \qquad (2.27)$$

因 $\dfrac{T_0}{S} \leqslant [\sigma]$（$S$ 为螺栓根部截面面积），则螺栓根部设计直径 d 为

$$d \geqslant \sqrt{\frac{4 \times 1.66 T_0}{\pi[\sigma]}} \qquad (2.28)$$

式中：1.66 为螺栓受横向力预紧系数；$[\sigma]$ 为螺栓材料允许抗拉强度，N/cm²。

对于标准螺纹，螺栓扭紧力矩 M_C（N·cm）为

$$M_C = 0.08 d T_0 \qquad (2.29)$$

（2）上压板弯矩 M 的计算。坝袋环向拉力 T 的垂直分力 T_y 作用在上压板端头上的弯矩，其力臂为螺栓中心至压板端头的距离，于是有

$$M = K_2 T l \sin\theta \qquad (2.30)$$

式中：M 为上压板弯矩，N·cm；T 为坝袋径向拉力，N；l 为力臂，cm；K_2 为安全系数，可取 3.0。

（3）上压板应力的计算

$$\sigma = \frac{M}{W} \leqslant [\sigma] \qquad (2.31)$$

式中：σ 为上压板应力，N/cm²；$[\sigma]$ 为上压板材料允许应力，N/cm²；M 为上压板弯矩，N/cm；W 为上压板抗弯界面模数，cm³。

除进行上压板强度计算外，还应对上压板刚度进行核算。对于重要工程，还应进行 1:1 锚固结构试验。

2.2.2.3　控制系统及安全与观测装置设计

1. 控制系统设计

橡胶坝控制系统设计包括坝袋充排时间、充排方式、动力设备选型、管路布置、坝袋进排水（气）辅助装置和控制室等方面的内容。

（1）充排时间。在橡胶坝工程规模确定情况下，橡胶坝充排水（气）时间是决定充排水

（气）系统容量的前提，是选择水泵（空压机）台数和充排水管径规格的主要参数。对动力设备容量选择起决定作用的常为排水（气）坍坝时间。

橡胶坝充、坍坝时间的选用应根据工程具体运用条件确定。对于重要的或有特殊要求的橡胶坝工程，其充、坍坝时间应做专门研究。

（2）充排方式。充排方式有动力式充排和混合式充排。动力式即坝袋的充、坍完全利用水泵或空压机进行；混合式即坝袋的充、坍部分利用水泵或空压机进行，部分利用现有工程条件自充或自排。充排方式应根据工程现场条件和使用要求确定。

（3）动力设备选型设计：

1）水泵选型设计。水泵选型包含计算水泵的流量及水泵的扬程。

水泵流量按式（2.32）计算，即

$$Q = \frac{V}{nt} \tag{2.32}$$

式中：Q 为计算的水泵所需最小流量，m^3/h；V 为坝袋充水容积，m^3；n 水泵数量，台；t 为充坝或坍坝所要求的最短时间，h。

水泵扬程应根据管道布置按抽水充坝和机排坍坝两种情况分别计算。

充水过程中，存在最大扬程和最小扬程，即水泵的运行范围；根据计算的水泵流量和运行范围选择合适的水泵型号。

2）空气压缩机选型。根据坝袋容积、设计内外压比及充坝时间确定空气压缩机额定生产率。根据空气压缩机额定生产率、额定充气压力，参照空气压缩机样本选用合适的空气压缩机。

（4）管路布置。多数管路布置在混凝土底板内。一般沿充坝介质流动的方向进行管路系统的布置。管路布置力求总长度最短、弯头最少。多跨橡胶坝工程，每跨的管路可以分别单独布置，也可以多跨合并布置。采用自动控制充排的坝袋，宜优先选用"手电两用"电动阀。

（5）水帽和导水胶管。为防止充坝时水流直接冲击坝袋，坍坝时坝袋封堵管道口，常在管道进出坝袋口设置水帽。水帽结构如图 2.10 所示[4]。

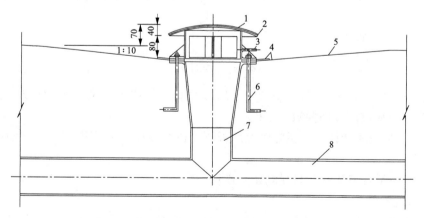

图 2.10　水帽结构示意图

1—橡胶片；2—水帽顶盖；3—φ50 短水管；4—橡胶垫片；

5—底垫片；6—底角螺栓；7—进出管；8—充排主管

充水式坝袋内宜设置两个水帽。单线锚固橡胶坝的水帽一般布置在坝袋贴地长度的中部；双线锚固橡胶坝的水帽一般布置在靠近底板下游锚固线位置，以利于排空坝袋内的水。水帽帽檐直径宜大于进出管直径，水帽顶做成锅底形。为防止磨损坝袋，水帽顶高出基础底板小于 10mm，水帽顶的钢板边缘要做倒角或磨圆，还应加套保护胶板。

坍坝泄流时，坝袋内残留水（或气）在上游水压力的作用下形成烟斗形的小坝阻水，使坝袋易产生振动，造成坝袋磨损、撕裂。为此，常在坝袋内设置导水胶管，胶管一端与短水管相接，另一端通往坝袋坍落线前沿，将残留在坝袋里的介质导入排水口，使坝袋坍平。导水胶管常黏结在坝袋下游侧与基础底板接触的坝袋内。

（6）控制室。控制室常建于坝的两岸端部。室内除了布置方便观测坝内压力、上下游水位等仪器外，还要求能在室内可直接目视坝体运行情况。控制室的防水处理也是需要注意的重要环节。

2. 安全与观测装置设计

（1）安全装置设计：充水式橡胶坝安全装置包含安全溢流管、虹吸管、排气孔。安全溢流管又称超压溢流管，出口形式有直筒式和弯曲式两种。溢流管管径大于坝袋充水管管径，出口位置与坝袋设计内压水头齐平，且超压溢出水流量不小于坝袋充水流量。为限制坝袋内压超过设计值，常采用虹吸管自动坍坝装置。一旦充坝过量或上游水位陡升而使坝袋内压超限时，坝袋内的水由虹吸管自动排出。对建在山区河道、水库溢洪道或有突发洪水出现的充水式橡胶坝，常设置虹吸管装置。为防止坝袋内残存气体引起坝袋振动或磨损，常在坝袋内设置排气孔。排气管口常与安全溢流管结合使用，布置在斜坡上的最高位置。

充气式橡胶坝常设置安全排气阀或限压阀，以防坝袋超压破坏；或设置水封管或 U 形管，采用限压式空气压缩机，均是可行的。

（2）观测装置设计：

1）坝袋内压观测。充水式橡胶坝的坝内压力用连接管引入泵房或控制室从透明的检测管（多为玻璃管或有机玻璃管）中直接读取。充气式橡胶坝则采用压力表或水银柱 U 形管进行观测。

2）水位观测。橡胶坝上下游水位观测常采用水位标尺，或者用连通管引至泵房或控制室从透明的玻璃管或塑料管中读取。我国一些橡胶坝已开始采用自动水位传感器监测与控制。

2.2.2.4 土建工程设计

1. 底板设计

橡胶坝蓄水时，坝袋承受的静水压力和坝袋锚固力均匀分布在底板、岸墙（边墩）或中墩上。与水闸工程类似，橡胶坝也属于低水头挡水建筑物。因此，橡胶坝底板设计除顺水流方向长度按橡胶坝特殊要求设计外，其余部分可按照水闸设计规范进行设计。

（1）底板顺水流方向长度。橡胶坝底板顺水流方向的长度取决于坝袋在底板上的坍落长度以及坝袋安装检修等因素，一般可按式（2.33）计算，如图 2.11 所示[4]

$$L_0 = L_1 + \frac{1}{2}(S_0 + S + n + x_0) + L_2 \tag{2.33}$$

式中：L_0 为底板顺水流方向长度，m；L_1 为坝袋上游锚固线至底板上游端部长度，m，一般取 1.5～2.0m；L_2 为坝袋坍落线至底板下游端部长度，m，一般取 1.5～2.0m；S_0、S 为坝袋上、下游坝面弧长，m；n、x_0 为坝袋上、下游贴地长度，m。

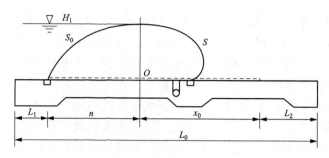

图 2.11　顺水流方向底板长度计算示意图

（2）底板厚度。橡胶坝底板一般易于满足坝基抗滑稳定、底板强度和刚度的要求，故其厚度一般以满足充排水（气）管路及锚固结构布置要求为准，坝底板厚度常采用 0.5～0.8m。

日本橡胶坝技术规范按不因扬压力作用而浮起的原则确定底板厚度，其计算公式为

$$d \geqslant \frac{4}{3} \frac{U_{px} - W}{W_c - 1.0} \tag{2.34}$$

式中：U_{px} 为扬压力，kPa；W 为底板上部水重，kPa；W_c 为钢筋混凝土容重，kPa/m³。

（3）底板结构：

1）底板高程及底板型式。坝底板高程应根据坝袋检修条件、过坝水流将泥沙卷入坝袋底部数量、泄流情况等进行确定，一般比坝址处河床地形设计高程提高 0.2～0.4m。

橡胶坝底板型式多为平底板型式。坝型不同，底板型式也有所不同。充水式橡胶坝常采用平底板作为坝基础底板；充气式橡胶坝既可采用平底板，也可采用曲面形状的底板，有时在底板表面放置排气槽。

2）底板分缝和齿墙。为防止和减小由于地基不均匀沉降、温度变化和混凝土干缩引起裂缝，通常沿垂直水流方向按一定间距对底板进行分段，在分段处沿顺水流方向设置永久缝（沉降缝和伸缩缝）；对于岩基，两缝之间的间距不宜大于 20m；对于土基，间距不宜大于35m。为了增大橡胶坝底板的整体性，永久缝的缝距可以适当增大。底板上永久缝可以采用垂直贯通缝、斜搭接缝或齿形搭接缝，缝宽采用 2～3cm。

为增加基础防渗长度和坝基抗滑稳定性，在底板上、下游端一般设置齿墙，齿墙深度一般为 0.5～1.5m。

2. 防渗排水设计

橡胶坝坝基防渗排水设计的内容主要有渗径长度计算、渗透压力计算、防渗排水设施、抗渗稳定性验算等。

（1）渗径长度计算。橡胶坝工程采用《水闸设计规范》（SL 265—2016）中规定的闸基防渗长度计算公式进行计算。坝基渗径长度计算公式为

$$L = C\Delta H \tag{2.35}$$

式中：L 为坝基防渗长度（坝基轮廓线防渗部分水平段和垂直段长度的总和），m；ΔH 为上、下游水位差，m；C 为允许渗径系数，见表 2.3[1]，当坝基设板桩时，可采用表中规定值的较小值。

表 2.3　　　　　　　　　　　　　允许渗径系数 C 取值

排水条件＼地基类型	粉砂	细砂	中砂	粗砂	中砾、细砾	粗砾夹卵石	轻粉质砂壤土	轻砂壤土	壤土	黏土
有滤层	13～9	9～7	7～5	5～4	4～3	3～2.5	11～7	9～5	5～3	3～2
无滤层	—	—	—	—	—	—	—	—	7～4	4～3

根据上下游水头差和地基土性质，可以查表得到允许渗径系数 C，然后对渗径长度进行校核。对于重要工程 C 取大值，一般工程则用较小值。

（2）渗透压力计算。橡胶坝工程渗透压力计算可采用近似计算法，主要包括直线展开法与加权直线法；岩基上坝基渗透压力计算可采用全截面直线分布法；复杂土质地基上重要的橡胶坝，可采用数值计算法。

（3）防渗排水设施。防渗排水设施有防渗墙、板桩、帷幕、齿墙、铺盖和排水管、减压井、反滤层等。防渗排水设施一般根据工程所处地基条件、作用水头大小和渗流方向等综合因素进行选择和布置。设置原则一般为：在上游段布置防渗设施，在下游段布置排水设施。

1）防渗铺盖。防渗铺盖可由混凝土、钢筋混凝土、浆砌石、黏土和土工膜等不透水材料构成。其作用主要是延长渗径长度并兼有防冲作用；其长度视地基土特性及其他防渗设施而定，一般取为上、下游最大水位差的 3～5 倍。

混凝土或钢筋混凝土铺盖称为刚性铺盖，一般设置在其他材料铺盖和底板之间，厚度一般为 0.3～0.5m，且为等厚度形式。黏土或壤土或土工膜构成的柔性铺盖适用于砂质或砂砾石类地基；黏土或壤土铺盖厚度根据铺盖土料允许水力坡降值计算确定，要求铺盖任何部位的厚度不得小于该部位铺盖顶底面水头差与允许水力坡降的比值，铺盖前端最小厚度不宜小于 0.6m，逐渐向坝基方向加厚至 1.0～1.5m。防渗土工膜厚度应根据作用水头、膜下土体裂隙宽度、膜的应变和强度等因素综合确定，一般不宜小于 0.5mm。

2）防渗板桩。常用的板桩主要有钢板桩和钢筋混凝土板桩。板桩主要用来增加垂直渗径长度，以弥补铺盖防渗效果不足或不经济的缺点，此外还可以加固地基，防止地基土液化。板桩通常设置在坝底板上游侧，其入土深度应根据渗径要求和地基土质因素确定，一般为坝上水头的 0.6～1.0 倍，或者深入不透水层或基岩内。

3）防渗齿墙与刺墙。在坝底板的上、下游端通常设有深度为 0.5～1.5m 的齿墙。齿墙具有防渗抗滑作用。齿墙深度最大不宜超过 2.0m。

侧向防渗一般采用刺墙。防渗刺墙一般用混凝土、钢筋混凝土、浆砌块石或黏土等材料筑成，刺墙与端墙间设置止水。

4）排水设施。排水设施一般有平铺式、减压井式和暗管式。排水的起点始于防渗段的终点。

平铺式排水厚度一般为 0.2～0.6m。在排水设施和地基土之间应设置反滤层。反滤层一般由 2～3 层组成，水平反滤层厚度可采用 0.2～0.3m，垂直或倾斜反滤层厚度可采用 0.5m。反滤层粒径沿渗流方向逐渐增大，力求与渗流逸出处的流线相垂直；铺设长度应使其末端的渗流坡降值小于地基土在无反滤层保护时的允许渗流坡降值；其级配应能满足被保护土的稳定性和滤料的透水性要求，且滤料颗粒级配曲线应大致与被保护土颗粒级配曲线平行。反滤层级配宜符合下列公式要求

$$\frac{D_{15}}{d_{85}} \leqslant 5 \qquad (2.36)$$

$$\frac{D_{15}}{d_{15}} = 5 \sim 40 \qquad (2.37)$$

$$\frac{D_{50}}{d_{50}} \leqslant 25 \qquad (2.38)$$

式中：D_{15}、D_{50} 为反滤层滤料级配曲线上含量小于 15%、50% 的颗粒粒径，mm；d_{15}、d_{50}、d_{85} 为被保护土颗粒级配曲线上含量小于 15%、50%、85% 的颗粒粒径，mm。

为了消减坝基下卧层的承压水对坝基稳定的不利影响，可以在坝基下游设置深入该承压水层的排水井。为避免与坝基防渗和两岸侧向防渗要求冲突，此排水井不能布置在坝底和两岸防渗段范围内。排水井井深和井距应根据透水层埋藏深度及厚度确定，井管内径不宜小于 0.2m，间距大致为 3.0m。对于承受水位差较大的橡胶坝，排水孔不宜设在消力池前部，以防止消力池结构遭受破坏。

5）止水设施。橡胶坝一般设有沉降缝、伸缩缝等，不允许透水的缝中均需设置止水。一般设置一道止水，重要部位设置两道止水。止水材料有塑料止水带、橡胶止水带、沥青或油毛毡、沥青木板、紫铜片、镀锌铁皮和其他止水材料等。紫铜片的防渗性能最好，但紫铜片价格较高，一般用于大型和重要的水利工程；橡胶止水带和塑料止水带弹性、韧性好，防渗效果较好，且价格低廉，但要防止地基不均匀沉降造成其断裂。橡胶坝工程中现多采用橡胶或塑料止水带，紫铜片、镀锌铁皮采用较少。

（4）抗渗稳定性验算。为了防止地下渗流冲蚀地基土并造成渗透变形，需要对坝基的抗渗稳定性进行验算。为此，地下轮廓线的渗径应有足够的长度，以减小坝底板下的渗流坡降值。验算坝基抗渗稳定性时，要求水平段和出口段的渗透坡降，应分别小于表 2.4[1,4] 规定的水平段和出口段的允许渗透坡降值。

表 2.4　　　　　　　　　水平段和出口段的允许渗透坡降值

土壤名称	允许坡降		土壤名称	允许坡降	
	水平段	出口段		水平段	出口段
粉砂	0.05~0.07	0.25~0.30	砂壤土	0.15~0.25	0.40~0.50
细砂	0.07~0.10	0.30~0.35	壤土	0.25~0.35	0.50~0.60
中砂	0.10~0.13	0.35~0.40	软黏土	0.35~0.40	0.60~0.70
粗砂	0.13~0.17	0.40~0.45	坚实性土	0.40~0.50	0.70~0.80
中砾、细砾	0.17~0.22	0.45~0.50	极坚硬黏土	0.50~0.60	0.80~0.90
粗砾夹卵石	0.22~0.28	0.50~0.55			

注　1. 当渗流出口处设置有反滤层时，表中数值可以加大 30%。
　　2. 表中出口段的数值系流土破坏时的允许坡降值。
　　3. 建筑物级别较高时应取小值。

土质坝基渗流出口段的渗透破坏一般为流土破坏。验算砂砾石坝基出口段的抗渗稳定性时，应首先判别可能发生的渗透破坏形式（流土或管涌）：

1）当 $4P_f(1-n) > 1.0$ 时，发生流土破坏；

2）当 $4P_f(1-n) < 1.0$ 时，发生管涌破坏。

砂砾石坝基出口段防止管涌破坏的允许渗透坡降值可按式（2.39）计算，即

$$[J] = \frac{7d_5}{Kd_f}[4P_f(1-n)]^2 \tag{2.39}$$

$$d_f = 1.3\sqrt{d_{15}d_{85}} \tag{2.40}$$

式中：$[J]$ 为防止管涌破坏的允许渗透坡降值；d_f 为坝基土的粗细颗粒分界粒径，mm；P_f 为小于 d_f 的土粒百分数含量，%；n 为坝基土的孔隙率；d_5、d_{15}、d_{85} 为坝基土颗粒级配曲线上含量小于 5%、15%、85% 的颗粒粒径，mm；K 为防止管涌破坏的安全系数，可采用 1.5～2.0。

3. 消能防冲设计

进行橡胶坝消能防冲设计时，首先需验算橡胶坝在各种工况下的过流能力，然后对消力池进行设计计算，并根据计算结果拟定消力池结构；通常还需布置一定长度的海漫和防冲槽。

(1) 泄流能力计算。橡胶坝泄流能力可按堰流基本公式计算，即

$$Q = \varepsilon\sigma mB\sqrt{2g}h_0^{3/2} \tag{2.41}$$

式中：Q 为过坝流量，m³/s；ε 为堰流侧收缩系数，与边界条件有关；σ 为淹没系数，可取宽顶堰的试验数据；m 为流量系数；B 为溢流断面的平均宽度，m；g 为重力加速度；h_0 为计入行近流速水头的堰顶水头，m。

橡胶坝的流量系数介于宽顶堰与实用堰之间，坝袋完全坍平时，可视作宽顶堰，流量系数 $m=0.33\sim0.36$；坝袋充胀时，可视作曲线型实用堰，流量系数 $m=0.36\sim0.45$。

橡胶坝在运行过程中，流量系数可按下式计算：

1) 单锚固充水橡胶坝流量系数

$$m = 0.138 + 0.018\frac{h_1}{H} + 0.152\frac{H_0}{H} + 0.032\frac{h_2}{H} \tag{2.42}$$

式中：H_0 为坝袋内压水头，m；H 为运行时坝袋充胀的实际坝高，m；h_1 为坝上游水深，m；h_2 为坝下游水深，m。

以上各值均以坝底为基准面。溢流时的坝高可测量或用式 (2.43) 进行计算，即

$$\frac{H}{H_1} = 0.5138 - 0.7673\frac{h_1}{H_1} + 0.8742\frac{H_0}{H_1} + 0.1452\frac{h_2}{H_1} \tag{2.43}$$

式中：H_1 为设计坝高，m。

2) 双锚固充水橡胶坝流量系数

$$m = 0.163 + 0.0913\frac{h_1}{H} + 0.0951\frac{H_0}{H} + 0.0037\frac{h_2}{H} \tag{2.44}$$

$$\frac{H}{H_1} = 0.2127 - 0.2533\frac{h_1}{H_1} + 0.7053\frac{H_0}{H_1} + 0.1088\frac{h_2}{H_1} \tag{2.45}$$

3) 双锚固充气橡胶坝流量系数

$$m = 0.093 + 0.272\frac{h_1}{H} - 0.02\frac{H_0}{H} + 0.027\frac{h_2}{H} \tag{2.46}$$

$$\frac{H}{H_1} = 0.6275 + 0.0802\frac{h_1}{H_1} + 0.0976\frac{H_0}{H_1} + 0.2372\frac{h_2}{H_1} \tag{2.47}$$

公式适用范围为

$$\frac{H - h_2}{h_0} \leqslant 0.45$$

（2）消能设计。橡胶坝通常采用底流式消能。设计计算时，一般根据设计流量或给定流量，计算不同坝袋高度及其对应的下游水深的消力池池深、池长和底板厚度等。

1）消力池设计计算。消力池深度可按式（2.48）～式（2.51）进行计算，计算示意图见图 2.12[1]。

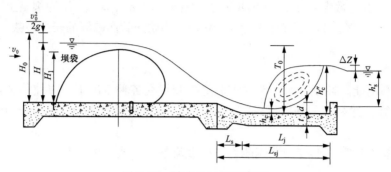

图 2.12　消力池计算示意图

$$d = \sigma_0 h_c'' - h_s' - \Delta Z \tag{2.48}$$

$$h_c'' = \frac{h_c}{2}\left(\sqrt{1+\frac{8\alpha q^2}{gh_c^3}}-1\right)\left(\frac{b_1}{b_2}\right)^{0.25} \tag{2.49}$$

$$h_c^3 - T_0 h_c^2 + \frac{\alpha q^2}{2g\varphi^2} = 0 \tag{2.50}$$

$$\Delta Z = \frac{\alpha q^2}{2g\varphi^2 h_s'^2} - \frac{\alpha q^2}{2g h_c''^2} \tag{2.51}$$

式中：d 为消力池深度，m；σ_0 为水跃淹没系数，可采用 1.05～1.10；h_c'' 为跃后水深，m；h_c 为收缩水深，m；α 为水流动能校正系数，可采用 1.0～1.05；q 为过坝单宽流量，$\mathrm{m^3/(s \cdot m)}$；b_1 为消力池首端宽度，m；b_2 为消力池末端宽度，m；T_0 为由消力池底板顶面算起的总势能，m；ΔZ 为出池落差，m；h_s' 为出池河床水深，m；φ 为流速系数，一般为 0.95。

消力池长度一般可按下列经验公式计算

$$L_{sj} = L_s + \beta L_j \tag{2.52}$$

$$L_j = 6.9(h_c'' - h_c) \tag{2.53}$$

式中：L_{sj} 为消力池长度，m；L_s 为消力池斜坡段水平投影长度，m；β 为水跃长度校正系数，可采用 0.7～0.8；L_j 为水跃长度，m。

消力池底板厚度一般可根据抗冲和抗浮的要求分别按经验公式和理论公式计算确定，并取其大值：

抗冲 $$t = k_1 \sqrt{q}\sqrt{\Delta H'} \tag{2.54}$$

抗浮 $$t = k_2 \frac{U - W \pm P_m}{\gamma_b} \tag{2.55}$$

式中：t 为消力池底板始端厚度，m；q 为过坝单宽流量，$\mathrm{m^3/(s \cdot m)}$；$\Delta H'$ 为坝泄水时的上下游水位差，m；k_1 为消力池底板计算系数，可采用 0.15～0.20；k_2 为消力池底板安全系数，可采用 1.1～1.3；U 为作用在消力池底板底面的扬压力，kPa；W 为作用在消力池底板顶面的水重，kPa；P_m 为作用在消力池底板上的脉动压力，kPa，其值可取跃前收缩断面流速水头值的 5%，通常计算消力池底板前半部的脉动压力时取"+"号，计算消力池后半部的脉动压力时取"一"号；γ_b 为消力池底板的饱和重度，kN/m^3。消力池末端厚度可采用 $t/2$，但不宜小于 0.4m。

2）消力池构造。消力池分为平底段和斜坡段，其长度为平底段长度与斜坡段水平投影长度之和，且斜坡段坡度不得大于 1∶4。消力池与坝底板、翼墙及海漫间均用沉降缝或温度缝分开，以适应不均匀沉陷和伸缩变形。消力池底板纵缝应与坝底板纵缝错开，缝距 20～30m，缝宽 1～2.5cm；纵缝内须设置止水带或止水铜片，不设置垂直水流方向的横缝。为减小消力池底板上的扬压力，消力池后半部常设置排水孔，孔径一般为 5～10cm，间距为 1.0～2.0m，以梅花形或阵列式布置。为增大底板抗滑稳定性，消力池前后端底板一般设置齿槽，齿槽深度一般为 0.8～1.5m，厚度为 0.6～0.8m。消力池采用的混凝土强度等级一般为 C20，在消力池底层和表层一般配置直径 10～12mm、间距 25～30cm 的构造钢筋。

（3）海漫设计。试验表明，水流经过消力池后仍有剩余能量对消力池下游河床造成冲刷，并且池下游单宽流量和流速较大，分布也不均匀，水流脉动强度激烈，所以消力池下游除非是较好的基岩，一般均需要建造海漫。

1）海漫长度。对一般土质河床，影响海漫长度的主要水力因素是消力池尾部的单宽流量与上下游水位差。海漫长度可采用式（2.56）进行计算，即

$$L = K_s \sqrt{q_s \sqrt{\Delta H}} \tag{2.56}$$

式中：L 为海漫长度，m；K_s 为海漫长度计算系数，可由表 2.5 查得[1,4]；q_s 为消力池末端单宽流量，$m^3/(s \cdot m)$；ΔH 为坝泄水时的上下游水位差，m。

式（2.56）的适用范围是 $\sqrt{q_s \sqrt{\Delta H}}=1～9$，且消能扩散良好的情况。

表 2.5　　　　　　　　　　海漫长度计算系数 K_s 取值表

河床土质	粉砂、细砂	中砂、粗砂、粉质壤土	粉质黏土	坚硬黏土
K_s	14～13	12～11	10～9	8～7

2）海漫构造。海漫具有一定的倾斜坡度，且材料具有透水性，其构造和抗冲能力应与水流流速相适应。海漫材料一般有混凝土和块石。混凝土板海漫厚度一般为 0.1～0.2m，砌石海漫厚度一般为 0.3～0.5m。

海漫下部应设置厚 10～15cm 的砂砾和碎石垫层，以防止底流冲刷河床和渗流带出土粒。混凝土板和浆砌块石海漫还应设置排水孔，其下应按反滤层的要求设置垫层。

（4）防冲槽。通常下泄水流在海漫末端仍有冲刷现象，为保护海漫末端不被水流冲坏，常在其下游设置防冲槽。

海漫末端的河床冲刷深度可按式（2.57）计算，即

$$d_m = 1.1 \frac{q_m}{[v_0]} - h_m \tag{2.57}$$

式中：d_m 为海漫末端河床冲刷深度，m；q_m 为海漫末端单宽流量，$m^3/(s \cdot m)$；$[v_0]$ 为河床土质允许不冲流速，m/s；h_m 为海漫末端河床水深，m。

橡胶坝进口段水流也会引起上游河底的冲刷，因此应设置上游防冲槽。上游护底首端的河床冲刷深度可按式（2.58）计算，即

$$d'_m = 0.8 \frac{q'_m}{[v_0]} - h'_m \tag{2.58}$$

式中：d'_m为上游护底首端的河床冲刷深度，m；q'_m为上游护底首端的单宽流量，$m^3/(s \cdot m)$；h'_m为上游护底首端的河床水深，m。

4. 坝底板应力及稳定计算

（1）荷载及其组合。作用在橡胶坝上的荷载组合分为基本荷载组合和特殊荷载组合两类。

1）基本荷载组合：

主要包括以下荷载：

a. 结构物的自重；

b. 设计水位时的静水压力；

c. 相应于设计水位时的扬压力（包括浮力和渗透压力）；

d. 坝袋内压力；

e. 土压力；

f. 泥沙压力；

g. 风雪压力；

h. 波浪压力等。

2）特殊荷载组合：

主要包括以下荷载：

a. 地震荷载；

b. 施工期荷载；

c. 其他出现机会较少的荷载。

（2）坝底板基底应力及抗倾覆稳定计算。在进行坝底板基底应力及抗倾覆稳定计算时，首先应分析橡胶坝在施工和运行过程中可能出现的工作情况，并选出起控制作用的工况，一般按试坝或检修、设计正常运行和非常运行三种工况进行计算。

试坝或检修工况（见图 2.13[1]），坝袋上、下游无水，底板不承受扬压力，地基只承受坝袋内水重和坝底板自重（忽略坝袋重量）。设计工况（见图 2.14[1]），橡胶坝充胀挡水，上游水位与设计坝高齐平，坝下游无水，此时上下游水位差最大。非常运行工况是排水设施失效时的扬压力，加上地震惯性力和地震动水压力以及风浪压力等，各种荷载的计算要根据工程具体情况确定。

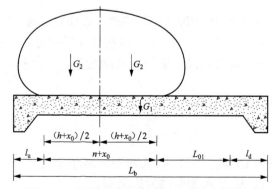

图 2.13　试坝或检修工况坝基底应力计算图

根据坝底板结构布置和受力情况分对称性和不对称性两种情况进行基底应力计算。

坝底板结构布置及受力情况对称时，采用材料力学偏心受压公式计算坝底板基底应力，计算公式如下

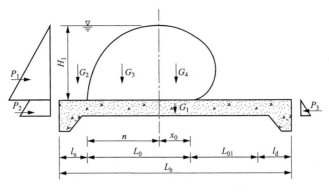

图 2.14 设计工况坝基底应力计算图

$$P_{\min}^{\max} = \frac{\sum G}{A} \pm \frac{\sum M}{W} \tag{2.59}$$

式中：$P_{\min}^{\max}$ 为坝底板基底应力的最大值或最小值，kPa；$\sum G$ 为作用在坝底板上的全部竖向荷载（包括扬压力），kN；$\sum M$ 为作用在坝底板上的全部竖向和水平向荷载对于基础底面垂直水流方向的形心轴的力矩之和，kN·m；A 为坝底板底面的面积，m²；W 为坝底板基底面对于该底面垂直水流方向的形心轴的截面矩，m³。

坝底板结构布置及受力情况不对称时，按双向偏心受压公式计算坝底板基底应力，即

$$P_{\min}^{\max} = \frac{\sum G}{A} \pm \frac{\sum M_x}{W_x} \pm \frac{\sum M_y}{W_y} \tag{2.60}$$

式中：$\sum M_x$、$\sum M_y$ 为作用在坝底板上的全部竖向和水平向荷载对于基底面形心轴 x、y 的力矩，kN·m；W_x、W_y 为坝基底面对其形心轴 x、y 的截面矩，m³。

对坝底板抗倾覆稳定性的判别常采用应力分布不均匀系数进行判断，应力分布不均匀系数的计算公式为

$$\eta = \frac{P_{\max}}{P_{\min}} \tag{2.61}$$

为减少和防止由于坝底板基底应力分布不均而导致其发生较大的沉降差，要求 $\eta < [\eta]$，$[\eta]$ 为 η 的允许值，见表 2.6[1,4]。

表 2.6　　　　　　　　　　　应力分布不均匀系数允许值 $[\eta]$

地基土质	荷载组合	
	基本组合	特殊组合
松软	1.50	2.00
中等坚实	2.00	2.50
坚实	2.50	3.00

注　1. 对于重要的大型橡胶坝工程，基底应力最大值与最小值之比的允许值可按表列数值适当减小。
　　2. 对于地震区的橡胶坝工程，基底应力最大值与最小值之比的允许值可按表列数值适当增大。
　　3. 对于地基特别坚实或可压缩土层较薄的橡胶坝工程，可不受本表的规定限制，但要求坝底板不出现拉应力。

（3）坝底板沿基础底面的抗滑稳定计算：

1）土基上坝底板沿基础底面的抗滑稳定。土基上坝底板沿基底面的抗滑稳定安全系数可按式（2.62）或式（2.63）计算，即

$$K_c = \frac{f \sum G}{\sum H} \tag{2.62}$$

$$K_c = \frac{\tan\phi_0 \sum G + C_0 A}{\sum H} \tag{2.63}$$

式中：K_c 为沿基础底面的抗滑稳定安全系数，应不小于允许值 $[K_c]$（见表 2.7[1,4]）；f 为坝基底面与地基之间的摩擦系数，可按表 2.8[1,4] 中的数据采用；$\sum G$ 为作用在基底面上的全部竖向荷载，kN；$\sum H$ 为作用在基底面上的全部水平向荷载，kN；ϕ_0 为基底面与土质地基之间的摩擦角，（°），可按表 2.9 中的数据采用；C_0 为基底面与土质地基之间的黏结力，kPa，可按表 2.9[1,4] 中的数据采用；A 为基底面的面积，m^2。

表 2.7　　　　　　　抗滑稳定安全系数允许值 $[K_c]$

荷载组合		橡胶坝工程级别		
		1	2	3
基本组合		1.35	1.30	1.25
特殊组合	I	1.20	1.15	1.10
	II	1.10	1.05	1.05

注　1. 特殊组合 I 适用于施工、检修及校核洪水工况。
　　2. 特殊组合 II 适用于地震工况。

表 2.8　　　　　　　底板与地基土之间的摩擦系数 f 值

地基土类别		f 值	地基土类别		f 值
黏土	软弱	0.20～0.25	砾石、卵石		0.50～0.55
	中等坚硬	0.25～0.35	碎石土		0.40～0.50
	坚硬	0.35～0.40	软质岩石	极软	0.40～0.45
壤土、粉质壤土		0.25～0.40		软	0.45～0.55
砂壤土、粉砂土		0.35～0.40		较软	0.55～0.60
细砂、极细砂		0.40～0.45	硬质岩石	较坚硬	0.60～0.65
中砂、粗砂		0.45～0.50		坚硬	0.65～0.70
砂砾石		0.40～0.50			

表 2.9　　　　　　　土质地基的 ϕ_0、C_0 值

土质地基类别	ϕ_0 值	C_0 值
黏性土	0.9ϕ	$(0.2～0.3)C$
砂性土	$(0.85～0.9)\phi$	0

注　表中 ϕ 为室内饱和固结快剪（黏性土）或饱和快剪（砂性土）试验测得的内摩擦角，C 为室内饱和固结快剪试验测得的黏结力（kPa）。

2）岩基上坝底板沿基础底面的抗滑稳定计算。岩基上抗滑稳定安全系数可按式（2.63）或式（2.64）计算，即

$$K_c = \frac{f' \sum G + C'A}{\sum H} \tag{2.64}$$

式中：f' 为坝底板基底面与岩基之间的抗剪断摩擦系数；C' 为坝底板基底面与岩基之间的抗剪断黏结力，kPa；两者均可采用表 2.10[1,4] 中数据。

表 2.10 岩石地基的 f'、C' 值

岩石地基类别		f'	C'（MPa）
硬质岩石	坚硬	1.5～1.3	1.5～1.3
	较坚硬	1.3～1.1	1.3～1.1
软质岩石	较软	1.1～0.9	1.1～0.7
	软	0.9～0.7	0.7～0.3
	极软	0.7～0.4	0.3～0.05

注 如岩石地基内存在结构面、软弱层（带）或断层的情况，f'、C' 值应按《水利水电工程地基勘察规范》（GB/T 50287）的规定选用。

岩基上抗滑稳定安全系数允许值见表 2.11[1,4]。

表 2.11 岩基上抗滑稳定安全系数允许值

荷载组合		按式（2.63）计算			按式（2.64）计算
		工程级别			
		1	2 或 3	4 或 5	
基本组合		1.10	1.08	1.06	3.00
特殊组合	Ⅰ	1.05	1.03	1.00	2.50
	Ⅱ		1.00		2.30

注 1. 特殊组合Ⅰ适用于施工、检修及洪水校核工况。
   2. 特殊组合Ⅱ适用于地震工况。

5. 坝底板结构设计

对于建在土基上的橡胶坝工程，其坝底板应力分析可采用反力直线分布法或弹性地基梁法计算。反力直线分布法假定坝底板地基反力顺水流方向呈梯形分布，垂直水流方向呈矩形分布，由偏心受压公式计算其地基反力；弹性地基梁法认为底板可简化成梁，梁和地基都是弹性体，根据变形协调和静力平衡条件，确定地基反力和梁的内力，认为地基反力在顺水流方向呈梯形分布，垂直水流方向按曲线形即弹性分布。

对于坝底板应力分析计算方法的选定，主要视底板的地基土质而定。对相对密度 $D_r \leqslant$ 0.50 的砂土地基，采用反力直线分布法；对 $D_r > 0.50$ 的砂土地基或黏性土地基，则采用弹性地基梁法。

对于建在岩基上的橡胶坝工程，其坝底板应力分析可按基床系数法计算，因为基岩的弹性模量较大，其单位面积上的沉降变形与所受的压力之间的关系比较符合文克尔假定。

下面以反力直线分布法为例，对坝底板的结构设计步骤作一介绍。

（1）底板反力及弯矩计算：

1）求坝底板上、下游端的地基反力。地基反力计算公式见式（2.59）和式（2.60）。

2）求底板净反力。考虑到计算条件下的坝袋上、下游段底板上水重相差悬殊，以坝轴线为界，将底板分为上、下游两部分，然后以垂直于水流方向的截面在上、下游段内分别取单宽作为计算对象，列表（见表 2.12[1,4]）对底板上各点的荷载强度进行计算。底板上各点位置如图 2.15 所示[4]。

表 2.12　　　　　　　　　　　　底板净反力计算　　　　　　　　　　　　　kPa

计算情况	段别	计算点编号	地基反力	底板自重	水重	渗透压力	浮托力	底板净反力	净反力加权平均值
竣工时期	上游段	1 2 3 4							
	下游段	5 6 7 8							
运行时期	上游段	1 2 3 4							
	下游段	5 6 7 8							

注　底板净反力以向上为正。

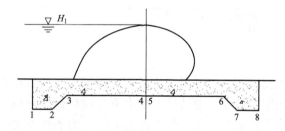

图 2.15　底板净反力计算点位置图

底板净反力的加权平均值可按式（2.65）计算，以坝袋中线的下游段为例

$$P_{权} = \frac{P_{56}L_{56} + P_{67}L_{67} + P_{78}L_{78}}{L_{56}L_{67}L_{78}} \tag{2.65}$$

式中：P_{56}、P_{67}、P_{78} 为底板上 5-6、6-7、7-8 间的净反力平均值，kPa；L_{56}、L_{67}、L_{78} 为 5-6、6-7、7-8 间的水平距离，m。

3）求不平衡剪力。不平衡剪力是由于坝底板上的作用荷载与地基反力的分布不相同，当"截板成条"时单宽底板上所受的竖向荷载不能平衡而产生的，通常可根据静力平衡条件求得。

4）计算底板最大弯矩值。按上、下游段分别绘制弯矩图，便于配制配筋。

（2）底板配筋计算及裂缝校核。根据计算得到的最大正、负弯矩值及弯矩包络图来计算坝底板底层及表层的钢筋面积，并核算裂缝；若计算表明底层及表层不需要配筋，可按构造要求配置构造钢筋。

配筋计算具体步骤如下：

1）求出最大弯矩 M。

2）计算单筋矩形断面的 A_0 值，采用式（2.66）计算，即

$$A_0 = \frac{KM}{bh_0^2 R_w} \tag{2.66}$$

式中：b 为底板计算宽度，m；h_0 为有效高度，m；R_w 为混凝土轴心抗压设计强度，MPa；K 为钢筋混凝土结构的强度安全系数。

3）根据 A_0 参考《水工混凝土结构设计规范》（SL 191—2008）求 α 值。

4）求含钢率 μ 值，按式（2.67）计算，即

$$\mu = \alpha \frac{R_w}{R_g} \tag{2.67}$$

式中：R_g 为钢筋设计强度，MPa。

5）计算所需钢筋断面积

$$A_g = \mu b h_0 \tag{2.68}$$

6）选择合宜的钢筋直径和根数。

受弯构件按式（2.69）进行抗裂验算

$$K_f \leqslant \frac{r R_f J_0}{M(h - x_0)} \tag{2.69}$$

其中

$$J_0 = \frac{1}{12} b h^3 + bh \left(x_0 - \frac{h}{2} \right)^2 + n A_g (h_0 - x_0)^2 \tag{2.70}$$

$$x_0 = \frac{0.5 b h^2 + n A_g h_0}{bh + n A_g} \tag{2.71}$$

$$n = \frac{E_g}{E_h} \tag{2.72}$$

式中：K_f 为钢筋混凝土的抗裂安全系数；r 为截面抵抗矩的塑性系数，对于矩形截面，$r=1.55$；R_f 为混凝土的抗裂设计强度，MPa；J_0 为换算截面对其形心轴的惯矩，单筋矩形截面对其形心轴的 J_0 由式（2.70）计算；M 为最大弯距；h 为截面全高，m；x_0 为换算截面形心轴至受压边缘的距离，m，单筋矩形截面的 x_0 值可按式（2.71）计算；b 为截面宽度，m；A_g 为计算所需钢筋断面面积，m²；h_0 为有效高度，m；E_g 为钢筋弹性模量，MPa；E_h 为混凝土弹性模量，MPa。

2.3　橡胶坝施工技术

2.3.1　土建工程施工[1,4]

橡胶坝土建工程施工通常包括施工测量、围堰及施工导流、施工排水、基坑开挖、地基处理、基础底板施工、锚固结构施工、中墩和边墙混凝土施工、防渗与导渗、永久缝等。本节重点介绍围堰及施工导流、基坑开挖和地基处理、混凝土施工及锚固结构施工等内容。

2.3.1.1　围堰及施工导流

施工导流方式分为全断面导流和分期导流；根据泄水建筑物型式，还可划分为明渠导流、隧洞导流、涵管导流等导流方式。应根据工程所在地的水文气候条件，以及河床土质、地形等因素选择采用不同的导流方式。一般情况下，分期导流方式采用较多。如浙江省塔底

橡胶坝工程，坝袋单跨长度85m，坝袋高度5.65m，修筑两次围堰分期导流；陕西省宝鸡市渭河橡胶坝，坝高3.5m，采用一次围堰分期导流。

橡胶坝上、下游横向围堰应与水流方向垂直，呈直线布置；也可用曲线形，但应面向水流方向，以增加稳定性和过流长度。施工围堰迎水坡脚与导流泄水建筑物进出口之间应有适当距离，通常为30～50m。纵向围堰应与水流方向平行布置。纵向围堰一般伸出上、下游横向围堰坡脚10～30m。根据工程所在地材料及坝基开挖料确定围堰型式，橡胶坝工程一般选用土石围堰，同时考虑土工膜防渗。不过水围堰堰顶高程应按设计洪水的静水位加安全超高来确定，安全超高不得小于0.5m。

2.3.1.2　基坑开挖和地基处理

基坑开挖前应先绘制基坑开挖图，并确定基坑开挖断面尺寸。一般对上游铺盖、底板、下游护坦和消力池等部位需要进行基坑开挖。分段导流则需要分段开挖，全断面导流则全断面开挖。基坑开挖时尤其要注意排水。对于软基基坑开挖，宜分层、分段开挖，并逐层设置排水沟，层层下挖。对于岩石基础开挖，则可参照《水工建筑物岩石基础开挖工程施工技术规范》（DL/T 5389—2007）的有关规定执行。

橡胶坝工程中常用的地基处理方法有垫层法、强夯法、振动水冲法和桩基础法等。

垫层法包含砂垫层和黏土垫层。砂垫层中砂料的含泥量不得超过5%，且应选用水撼振动方法使之密实，并在饱和状态下进行；黏土垫层的土料含水量应控制在一定范围内，宜用碾压或夯实法压实，并应控制地下水位低于基坑底面。

对于砂性土、碎石土、湿陷性黄土和人工堆积土等地基宜采用强夯法。强夯法要求施工场地平整，并能承受夯击机械荷载；施工前应先进行试夯，应使夯击有效影响深度内土体竖向压缩最大、侧向位移最小，且基坑周围底面不发生过大隆起。强夯法施工时应离建筑物15m以外，以防对附近建筑物造成影响，必要时可采取防震措施。

对于不排水、抗剪强度不小于20kPa的粉土、饱和黄土及人工填土等地基，可采用振冲置换法进行地基处理。填料宜用角砾、碎石、砂砾或粗砂，不宜使用砂石混合料，且不得含有黏土块。

2.3.1.3　混凝土施工

橡胶坝工程混凝土施工包括底板、边墙、中墩、上游铺盖、下游护坦消力池和海漫等建筑物的混凝土浇筑。浇筑的混凝土除应达到设计尺寸、强度、抗冻、抗渗、抗侵蚀等要求外，还应保证底板表面平整、光滑，尤其是坝袋坍落段的底板混凝土表面要尽量做到光滑、平整，以减少由于水流脉动等引起底板对坝袋的磨损。橡胶坝中墩与坝底板混凝土之间宜设置顺水流方向的永久缝。要求中墩两侧表面光滑，侧立面平整度误差不超过2～3mm。边墙为直立式挡土墙时，施工要求与中墩相同。

浇筑混凝土时，应注意模板拼接处的平整度，避免相邻两模板接缝处出现"错台"现象。模板要竖直，不可向坝袋一侧倾斜，且模板刚度应达到不变形的标准。混凝土浇筑前，应在模板表面涂脱模剂；拆模后，应将接缝处和不光滑部位磨平或抹平。

2.3.1.4　锚固结构施工

坝袋锚固结构形式有螺栓压板式、楔块挤压式、螺旋体伸缩式和胶囊充水式等。实际工程中常采用的是螺栓压板式和楔块挤压式两种。

螺栓压板式锚固施工主要为预埋螺栓和浇筑混凝土。大多数工程采用一次性预埋螺栓方法，但螺栓必须保证竖直，安装中心线保持为一条直线，且螺栓间距控制在允许范围内；上、下游锚固线一定要互相平行并且垂直于坝轴线；预埋螺栓不宜与底板钢筋相连接，否则混凝土的振捣会导致钢筋移位从而致使螺栓变位、倾斜。混凝土通常采用一期浇筑。浇筑过程中要保持螺栓两侧混凝土均匀上升，确保螺栓中心偏移在允许误差范围内。

楔块挤压式锚固施工包含锚固槽浇筑和楔块浇筑。锚固槽浇筑分为一次成型浇筑和两次成型浇筑。一次成型浇筑是指在浇筑底板前，将锚固槽模板悬空固定在设计位置上，使锚固槽与底板混凝土一次浇筑成型。两次成型浇筑是指在浇筑底板时，在锚固槽位置预留一定宽度和深度的矩形槽；预留的槽宽一般约为锚固槽最大宽度的 3 倍。混凝土楔块预制模版分为木模板和钢模板，钢模板厚度不宜小于 3mm，楔块由钢筋混凝土或钢纤维混凝土预制。浇筑混凝土楔块应保证所有直立面垂直，尺寸允许偏差为±2mm；前后楔块斜面必须相吻合。钢纤维混凝土楔块多采用 C30 钢纤维混凝土材料预制。

2.3.2　坝袋安装[1,4]

2.3.2.1　坝袋安装前的准备工作

坝袋安装前需进行以下检查：

（1）出厂前检查坝袋、底垫片尺寸；出厂时坝袋必须附有经过国家计量认证的权威检测机构出具的具有法律效力的坝袋产品检验报告或认证证书；搬运过程中，坝袋或底垫片如有磨损或小孔洞，应进行修补、粘贴或更换。

（2）检查坝袋与底板、坝袋与岸墙等接触部位的混凝土是否平整、光滑。

（3）保证充排管道、进出水口、排气孔、超压溢流孔、测压管畅通，并无渗漏现象；保证预埋螺栓、垫板、压板、锚固槽、楔块、进出水口、排气孔、超压溢流孔位置和尺寸符合设计要求。

（4）保证安装场地已清理干净。

2.3.2.2　坝袋就位与安装

坝袋就位前，先将底垫片临时固定于底板锚固槽内和岸墙上，然后在底垫片上标出中心线和锚固线位置。为防止止水胶片在安装过程中移动，也可以将止水胶片粘在底垫片上。

坝袋可以采用人工或机械拖拉就位。对大型坝袋，采用机械拖拉时，应同时多设置几个拉力点，且尽量受力均匀，以防伤及坝袋骨架材料，为日后坝袋运行留下安全隐患。

对于单线锚固坝袋，锚固时从上游底板中心线向两侧同时安装；对于双锚固线，坝袋先从下游底板中心线向左右两侧同时安装，下游端锚固好后再锚固上游侧，然后锚固两侧边墙；下游锚固采用内锚安装，上游锚固采用外锚方式。无论采用何种锚固形式，两侧岸墙拐角处坝袋袋布要折叠、理顺、垫平，将坝袋长度误差沿坝长平均分配。

对螺栓压板式锚固，压板要对齐，不平整时用橡胶片或胶布垫平；螺母要多次拧紧；采用不穿孔锚固时，卷入压轴的对接缝应与压板接缝处错开，以免出现软缝，造成局部漏水；采用穿孔锚固时，在设压筋的压板连接处，当两压板的间隙过大时，要加设同直径的接头压筋，防止出现软缝。

对楔块挤压式锚固，应先将坝袋胶布就位摆平，对准锚固位置后，卷入压轴，推至锚固槽内，逐个放入前置楔块，最后放入后置楔块。摆放的前置楔块间不应有缝隙，后楔块不应落底或冒顶。

对胶囊充水式锚固，将底垫片放入锚固槽内，止水海绵胶片粘贴在底垫片上，坝袋胶布锚固部分入槽，然后将胶囊置于坝袋胶布之间，整理平顺后即向胶囊内充水。边充水边用钝头木棍振捣胶囊，使坝袋胶布紧贴锚固槽壁，待胶囊水压达到设计值时，即可充水试坝。

2.3.3 施工期工程检查与验收[1]

施工期工程检查包含施工期间检查和坝袋安装后检查。

施工期间应检查坝袋、锚固螺栓或楔块标号，以及外形尺寸、安装构件、管道、操作设备性能，检查施工单位提供的质量检验记录和分布分项的质量评定记录，必要时需要进行抽样检查。

坝袋安装后，应检查坝袋及安装处的密封性，锚固构件状况，坝袋外观及变形观测情况，充排、观测系统情况及充气坝袋内的压力下降情况等。充坝检查后，应排出坝袋内水（气），重新紧固锚件。

工程验收前，由施工单位负责管理维护。对施工遗留的问题，施工单位应认真加以处理并在验收前完成。工程竣工后，建设单位应及时组织验收。

橡胶坝工程质量检验和评定标准应按《橡胶坝工程技术规范》（GB/T 50979—2014）和《水利水电工程施工质量评定规程》（SL 176—2007）等要求执行。验收后，验收组织应提出验收报告书，交上级工程主管部门。

2.4 橡胶坝的运行管理

为保证橡胶坝工程能充分发挥效益，工程竣工后要求设立管理机构，并要求管理人员全面掌握工程的各部分结构、设计意图、施工情况及工程中存在的问题，掌握运行控制系统、监测系统和养护维修等各项技术；对工程进行检查和观测并做好详细记录，经常进行养护和修理，消除工程隐患，维护工程完整性，确保工程安全；掌握气象和水情，做好防洪、防凌工作；掌握坝袋修补技术，并具备一般的修补材料及修补工具，能够进行日常的局部修补工作；建立日常的管理登记制度和技术档案；做好安全保卫工作，并向群众做好保护橡胶坝的宣传工作。

2.4.1 工程检查与观测[1,4]

2.4.1.1 工程检查的类别

橡胶坝工程检查分为经常检查、定期检查和特别检查三种。

管理单位应指定专人对橡胶坝工程各部位，如坝袋、锚固结构、充排设备、机电设备、通信设施、河床冲淤、管理范围内的河道堤防和坝顶溢流情况等进行检查，每月不得少于一次。经常检查可以用眼看、耳听、手摸等方法对工程及设备进行检查。

橡胶坝运行前后，每年汛前、汛后和冬季封冻时，应对橡胶坝工程各部位及各项设施进行全面检查。每年初次运行前，应检查岁修工程完成情况，汛后应检查工程变化和损坏情况；冬季运行的橡胶坝工程应着重检查防冻、防冰凌措施情况。

当遇到特大洪水、暴雨、暴风、强烈地震和重大工程事故等特殊情况时，很容易使工程受损甚至破坏，严重影响工程安全运行，因此必须进行特别检查。

2.4.1.2 工程检查的内容

（1）检查管理范围内有无违章建筑和危害工程安全的活动，环境是否保持整洁、美观。

（2）检查橡胶坝袋有无被漂浮物、机械或人为的刺伤刮破；坝袋胶布有无磨损、起泡、膨胀脱层、龟裂、粉化和生物蛀蚀等现象；胶布层是否发生永久变形、脆化、霉烂等现象；坝袋里面胶层有无磨损、脱层等现象。

（3）检查锚固件有无松动，金属件有无变形锈蚀，混凝土件有无损坏，木制件有无翘曲、劈裂以及生物化学侵蚀等。

（4）检查动力设备运转是否正常，电器设备是否安全可靠，充排设备线路是否正常，安全保护装置动作是否准确可靠，指示仪表是否指示正确、接地可靠，管道、闸阀等易锈蚀件是否锈蚀。

（5）检查端墙上的排气孔或坝袋上的排气阀是否完好畅通，安全溢流孔有无损坏或是否淤积堵塞。

（6）充坝前和坝袋挡水运用时，检查坝袋上游水流中有无漂浮物和堆积物。

（7）坝顶溢流时，要随时观察坝袋是否出现振动或拍打现象。

（8）每年冬季橡胶坝停运期间，检查充水管进口和排水管出口淤积情况，并检查是否采取防冻措施。

（9）检查土工建筑物有无雨淋沟、塌陷、裂缝、渗漏、滑坡和白蚁兽害等；排水系统、导渗设施有无损坏、堵塞、失效；堤坝连接段有无渗漏等迹象。

（10）检查块石护坡有无塌陷、松动、隆起、底部掏空、垫层散失，墩墙有无倾斜、滑动、勾缝脱落；排水设施有无堵塞、损坏等现象。

（11）检查混凝土建筑物有无裂缝、腐蚀、磨损、剥蚀、露筋及钢筋锈蚀等情况，伸缩缝止水有无损坏、漏水及填充物流失等情况。

（12）检查水下工程有无冲刷破坏，消力池内有无砂石堆积，上、下游河道有无淤积、冲刷等现象。

（13）检查水流形态。上游水流是否平顺，有无折冲水流、回流、漩涡等不良流态，下游水跃是否发生在消力池内；引河水质有无污染等。

（14）检查照明、通信、安全防护设施及信号标志是否完好。

2.4.1.3　工程观测与资料整理

1. 观测内容

（1）坝袋内压及上、下游水位观测。坝袋内压测压管水位经常变动，应根据上、下游河流水位，掌握其变化规律。采用压力传感器观测坝袋内压时，应定期对压力传感器进行校准或检定。

（2）河床冲淤观测。河床冲刷一般发生在防冲槽后的河段，而淤积范围较大，观测范围取河宽的 1~3 倍距离。断面间距应根据具体情况确定，在河道易冲刷部位，如防冲槽后、急弯、断面收缩或扩散，或比降有显著变化等河段应适当加密。

（3）水流流态观测。水流流态观测主要监测过坝水流对消能设施的影响。当发现漩涡、洄流、折冲水流、浪花翻涌等不良水流时，应详细记录，并随即采取如调整坝高等措施予以解决；水流观测一般采用目测。

（4）水位、流量观测。对于未设置水位测站的橡胶坝工程，应进行水位、流量观测，并绘制水位—流量关系曲线作为控制运行的依据。

2. 资料整理

每次观测结束后，应及时对资料进行计算、检查和校核。资料整编时，应对观测成果进行审查复核，着重审查考证图表是否正确，观测标号与以往是否一致，整编项目、测次、测点是否齐全，计算、曲线点绘有无错误、遗漏等，并填制整编图表，对成果进行分析及编写说明。资料整编应每年进行一次，其成果应提交上级主管部门审查。

2.4.2 橡胶坝的维护修理[1,4]

2.4.2.1 维护修理类别

橡胶坝的维护修理分为维护、岁修、抢修和大修。

根据经常检查发现的缺陷和问题，对工程设施进行日常的养护和局部修补，称为维护；根据定期检查发现的缺陷和问题，对工程设施进行必要的修补和改善，称为岁修；对橡胶坝在运行过程中突发意外事故，致使坝袋破损或控制设备失灵等，要立即上报主管单位，并立即采取抢修措施；根据特别检查，发现工程和设施严重损坏、坝袋或设备老化，修复工作量大，且修补技术较为复杂时，工程管理单位应报请上级主管部门，组织有关单位进行工程整修、设备更新或坝袋防老化处理等大修工作。

2.4.2.2 锚固构件、充排设备和土建工程的维护修理

1. 锚固构件的维护修理

(1) 锚固构件若有松动、脱落，应及时按设计要求加以紧固和补齐。

(2) 金属锚固构件应定期作防锈处理。

(3) 木质锚固构件应作防腐处理，劈裂件应及时更换。

(4) 及时清除坝袋及锚固构件附近的淤积物。

2. 充排设备的维护修理

(1) 充排动力设备，如电动机、水泵、空气压缩机等出现故障或损坏，必须按有关机械要求及时排除故障，并进行修复或更换。

(2) 对于充排管道及其附件等易锈蚀构件，应定期除锈和涂刷防锈层。

(3) 必须随时清除滞留在充排水口和安全溢流孔内的淤积物，保持安全溢流孔和排气孔的畅通。

3. 土建工程的维护修理

基础底板、边墙、中墩、护坦、铺盖、海漫、护坡等建筑物发生变形和破损的，应按原设计要求修复。橡胶坝工程管理范围内的河道堤防的养护修理可参照《水闸技术管理规程》(SL 75—2014)中的有关规定进行；河床冲刷坑危及防冲槽和岸坡稳定时，采用抛石和沉排等方法处理；橡胶坝防冲设施遭受冲刷破坏时，采用加筑消能设施或抛石笼、抛石等方法处理；反滤设施、排水设施应保持畅通。

2.4.2.3 坝袋的维护修理

1. 坝袋的维护

坝袋充水（气）前，将下游侧坝袋坍落区底板周围和坝袋上的淤积泥沙清除干净；对有可能刺伤坝袋的漂浮物予以打捞。采取升高或降低坝高的方法避免坝袋在溢流时发生的飘动、拍打或振动现象。保持与坝袋接触部位混凝土表面的光滑平整，及时清除坝袋坍落区底板上积存的砂、砾和石块等杂物。高温天气可以向坝面洒水降温或降低坝高使坝顶溢流来延缓坝袋老化。

2. 坝袋的修理

坝袋修补方法根据坝袋破损部位、大小和程度选用不同的方法，通常有外层橡胶修补

法、外层帆布修补法、外层帆布与夹层胶修补法和坝袋胶布孔洞修补法。

外层橡胶修补法用于坝袋胶布外层橡胶被磨损、刺伤或刮破，但未伤及帆布的情况，此时可裁剪尺寸大于受损边缘 8cm 左右的圆形或椭圆形的胶片进行修补。当磨损伤及外层帆布时，采用与坝袋经、纬向强度相同且尺寸比磨损部位周边大 10cm 以上的胶布进行修补。当磨损伤及外层帆布和夹层胶时，采用与坝袋经、纬向相同的胶布从坝袋外表面进行补强并粘贴封口条，采用胶片从坝袋内表面进行修补。当坝袋胶布被磨穿、撕破有孔洞时，须在坝袋内外表面分别粘补与坝袋等强度的胶布并粘贴封口条，其尺寸要比磨损部位周边大 15cm 以上，孔洞较大时需大于 20cm 以上。

2.4.3　运行控制[9-13]

2.4.3.1　运行控制主要指标

坝袋内压力是橡胶坝运行控制的主要指标。橡胶坝袋不得超高超压运用，充水（气）压力不得超过设计内压力。单向挡水的橡胶坝严禁双向运行。

2.4.3.2　坝袋充胀方法

坝袋充胀应按以下原则进行：

（1）端头锚固的充水式橡胶坝，在坝袋充水时，要把排气孔打开，待坝袋充胀到规定高度时，再将排气孔关闭。

（2）充水式堵头橡胶坝，充水前把排气孔关闭，待坝袋充胀到 1/2～2/3 坝高时，再把排气孔打开排气，待坝袋内气体排除后关闭排气孔。

（3）充气式橡胶坝，充气前应排除空气压缩机内凝结水和机油，对于我国北方冬季运用的充气坝，还要排除坝袋内的冷凝水。

（4）对于较高的橡胶坝，在充胀坝袋时，不得一次将坝袋充至设计高度，宜按坝高分级进行充胀，每级停留时间不得少于 0.5h。若上、下游无水，最大充胀坝高宜为设计坝高的80％。要有专人现场控制和观察，以便发现异常现象时采取必要的措施。

（5）对于多跨橡胶坝，充胀或泄空坝袋的顺序，应按工程具体情况制定出可行的操作方法；一般应对称缓慢坍落坝袋，以调整下游河道水流流态，不发生集中或折冲水流冲刷。

（6）修建在多泥沙河流上的橡胶坝工程，应以蓄清排沙为原则，掌握泥沙运动规律，适时地利用泄洪时机将泥沙冲走。当坝袋坍落被泥沙覆盖再次充坝时，视覆盖程度可分多次逐渐充胀至设计高度，如果覆盖层过厚，则需采用人工处理。

2.4.3.3　坝袋减振运行控制

橡胶坝在坝顶溢流过程中，受水流脉动压力的影响，坝体易产生振动。振动强度主要与溢流水深、下游水位、锚固形式、水工布置、坝体跨度和溢流坝体的充胀高度等因素有关。因此，在水工结构布置设计时，除应考虑过坝水流平顺外，运行过程中还应注意观测，避免出现溢流流量、坝高、下游水深的不利组合。

一般采取如下减振措施：

（1）橡胶坝运行过程中发现坝体振动时，可以调节坝高，通过控制坝顶溢流量来减轻或消除坝袋振动。

（2）坍坝泄洪时，必须使坝袋坍平。防止坝袋内残留的介质在上游水压力的作用下形成类似"烟斗水"的小坝阻水，使坝袋产生振动。在坝袋内部折叠处敷设一条橡胶管，橡胶管一端接排水管，另一端通"烟斗水"，可以将残存在坝袋里的介质导入排水口，使坝袋坍平，消除"烟斗水"。

（3）当下游水位增高时，坝袋坍平易发生飘动或蠕动现象。为防止坝袋飘动或蠕动，宜向坝袋内充水，使坝袋成为充胀的弹性体，以增加稳定性。

（4）制造坝袋过程中，坝袋外层胶厚度应较大，或者在坝袋内部设置缓冲垫，以减轻振动；也可以在坝袋上设置扰流器或挑流器等防振装置。

2.4.3.4 橡胶坝冬季运行控制

在寒冷地区的橡胶坝，应注意防冻。

冬季不运行的橡胶坝，入冬前应放空坝袋内及管道内积水，使坝袋保持自然塌落状态。因为橡胶坝材料可在$-38\sim45℃$范围内不脆化，冬季可利用冻冰层或积雪层保护坝袋越冬；坝袋在冰冻层下，或覆盖积雪$0.3\sim0.5m$厚，对保护坝袋是有利的。

冬季需运行挡水的橡胶坝，在冰冻期可采用坝前破冰的方法，在坝袋临水面开凿一条小槽，使冰层与坝袋隔开，防止冰冻压力对坝体的作用。如冻层不深，由于黑色坝袋吸热和坝袋表面光滑呈曲线形，故在坝袋前的结冰层不易与坝袋冻结。特别指出，在冰冻期不可调节坝高，待坝袋内的冰凌溶解后方可充坝或坍坝。一般情况下，坝袋内冰凌融化先于坝袋外的冰层解冻，可适当调节坝高泄冰凌。

对于采用楔块锚固的橡胶坝，由于冰冻产生冻胀力易使楔块上拔而松动。因此，每年解冻时，必须对坝袋的锚固结构进行全面检查，重新夯实楔块并进行充水试验，确保锚固系统安全可靠。

2.4.3.5 坝袋防老化措施

坝袋老化是指坝袋在运行过程中，由于橡胶和锦纶织物的化学组成、分子结构等内在因素和坝袋在运用过程中承受各种复杂应力，以及受到光、热、氧、水等外在因素的综合作用，其性能由好变坏，最后导致坝袋报废的现象。

坝袋根据运行情况，其老化现象可以分为以下三种[14]：

（1）外观变化。坝袋表面橡胶层出现龟裂、粉化、膨胀、起泡、脱层、破裂、光泽颜色、喷霜、发黏等变化，帆布层发生永久变形、脆化、破烂等变化。

（2）物理性能变化。包括溶胀性、溶解性及耐光、耐热、透水、透气等性能变化。

（3）力学性能变化。包括抗拉强度、扯断伸长率及耐疲劳、耐磨、弯曲、定伸变形等性能的变化。

用以评价坝袋老化程度的指标有外观评判指标、物理机械性能评判指标、老化系数三种。外观评判指标指采用裂纹及其发展变化作为评定坝袋老化的指标，裂纹一般靠肉眼或放大镜进行观测；物理机械性能评判指标指坝袋抗拉强度、扯断伸长率、抗撕裂性、耐疲劳性、耐磨性等；老化系数是指坝袋老化后某一指标性能变化的相对值，用坝袋老化前后性能测定值之比来表示，即

$$K = \frac{f}{f_0} \tag{2.73}$$

式中：K为老化系数；f为坝袋老化后的性能测定值；f_0为坝袋老化前的性能测定值。

根据坝址处自然气候条件、坝袋所用材料及其工艺、坝袋使用环境及使用要求等情况，可采取如下防老化措施：

（1）制造坝袋时，采用较耐老化的材料和配方，改进加工工艺和坝袋结构措施；或添加

防老剂、增强剂等改善坝袋胶料的耐水能力。

（2）在坝袋表面涂刷防老化涂层，可以阻碍外界老化因素的作用，减缓坝袋的老化速度。涂防老化层时，坝袋应在充胀状态。如广东洪秀全水库的橡胶坝袋采用改性氯丁橡胶浆，北京右安门橡胶坝袋采用聚氯酯油漆，安徽省灵璧县灵西闸橡胶坝袋采用氯磺化聚乙烯涂料作为涂层材料，以延长坝袋的使用寿命。

（3）在坝袋外层采用耐老化的材料（如氯磺化聚乙烯等）制成薄膜的防老化复合层，该防护层在生产过程中用热压硫化方法进行复合，黏附较牢靠，防老化效果较好。

思 考 题

1. 橡胶坝的概念及特点。
2. 橡胶坝工程的组成部分及其布置原则。
3. 坝袋设计的原则及其设计计算的主要内容。
4. 锚固线布置方式及锚固结构形式。
5. 橡胶坝控制系统设计的内容及其观测装置。
6. 确定底板顺水流方向长度及底板厚度的基本方法。
7. 橡胶坝泄流能力的计算方法。
8. 坝底板应力及稳定计算需要考虑的荷载及其组合。
9. 不平衡剪力的概念，底板配筋的计算方法及其裂缝的校核方法。
10. 橡胶坝土建工程的施工内容及常用的地基处理方法。
11. 坝袋安装前需要进行的检查内容。
12. 施工期间的检查内容和坝袋安装后的检查内容。
13. 橡胶坝的工程观测内容。
14. 橡胶坝工程的维护周期。
15. 坝袋的减振措施及防老化措施。

习 题

某橡胶坝工程，坝高 $H_1 = 5.0m$，坝袋内外压比 $\alpha = 1.24$，上游水位与坝顶齐平，下游无水情况，求坝袋各参数值，并绘制坝袋断面图形。

参 考 文 献

[1] 高本虎. 橡胶坝工程技术指南 [M]. 2 版. 北京：中国水利水电出版社，2006.
[2] 高本虎. 国内外橡胶坝发展概况和展望 [J]. 水利水电技术，2002，33（10）：5-8.
[3] 陆吾华，侯作启. 橡胶坝设计与管理 [M]. 北京：中国水利水电出版社，2005.
[4] 王溥文，汉昌海，童中山. 橡胶坝技术及应用 [M]. 北京：中国水利水电出版社，2008.
[5] 赵文好. 橡胶坝应用研究 [D]. 合肥：合肥工业大学，2003.
[6] 中国水利水电科学研究院. 橡胶坝工程技术规范：GB/T 50979—2014 [S]. 北京：中国计划出版社，2014.

［7］ 杨士学. 橡胶坝土建工程设计［M］. 全国橡胶坝技术培训班培训教材，1994.

［8］ 张世儒，高逸士，夏维城. 水闸［M］. 北京：水利电力出版社，1983.

［9］ 于兴龙. 橡胶坝运行管理中应注意的问题［J］. 山东水利，2016，（4）：13-14.

［10］ 俎晓东. 漱水河综合治理项目中橡胶坝工程设计与运行探讨［J］. 水利建设与管理，2015，35（12）：35-38.

［11］ 廖芳珍，石自堂. 橡胶坝设计与管理中几个问题的探讨［J］. 中国农村水利水电，2014（12）：145-147.

［12］ 雒望余，赵海生，王玲. 西安浐灞河橡胶坝运行及养护管理研究［J］. 陕西水利，2013（2）：59-61.

［13］ 张志芳，付成华，王宁，等. 新型橡胶坝冲排沙系统试验研究［J］. 人民长江，2017，48（S1）：220-223.

［14］ 化工部合成材料研究院，金海化工有限公司. 聚合物防老化实用手册［M］. 北京：化学工业出版社，1999.

第 3 章　尾　矿　坝

3.1　概　　述

尾矿是指金属和非金属矿山等对矿物进行提纯以后的副产物，也即选矿或有用矿物提取之后剩余的排弃物。将选矿厂排出的尾矿送往指定地点堆存或利用的技术叫做尾矿处理。为尾矿处理所建造的设施系统称为尾矿设施。尾矿设施的一般组成情况如图 3.1 所示[1]。

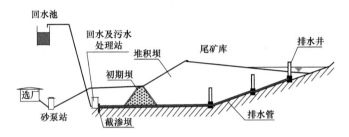

图 3.1　尾矿设施组成示意图

根据功能特点的不同，尾矿设施一般可分为以下几个系统[1]：

（1）尾矿水力输送系统。尾矿水力输送系统包括尾矿浓缩池、尾矿输送管槽、输送泵站和尾矿分散管槽等，用以将选矿厂排出的尾矿浆送往尾矿库堆存。

（2）尾矿堆存系统。尾矿堆存系统又称尾矿库，包括库区、尾矿坝、排水构筑物和尾矿坝观测设施等，用以储存选矿厂排出的尾矿。其中，在上述尾矿堆存系统设施中，尾矿坝是其主体和核心构筑物。

（3）尾矿回水系统。尾矿回水系统包括回水泵站、回水管道和回水池等，用以回收尾矿库或浓缩池的澄清水，送回选矿厂供选矿生产重复利用。

（4）尾矿水处理系统。尾矿水处理系统包括水处理站和截渗、回收设施等，用以处理不符合重复利用或排放标准要求的尾矿水，使之达到标准。

本章将以尾矿坝为中心，重点讨论尾矿库、尾矿坝、排水构筑物及尾矿坝监测设施等的设计与施工方面的基本知识。

尾矿坝是指拦挡尾矿和水的尾矿库外围构筑物，通常指初期坝和尾矿堆积坝的总体。初期坝是用土、石等材料筑成并作为尾矿堆积坝排渗或支撑体的坝，是基建时期由施工单位负责修筑而成的；尾矿堆积坝是生产过程中用尾矿堆积而成的坝[2,3]。

与以蓄水为目的的水库及其大坝相比，尾矿库和尾矿坝具有以下特殊性[4]：

（1）在库址（坝）选择上，需要根据矿山开发方案就近选址，库（坝）址选择余地较小。

（2）尾矿坝的筑坝材料主要为尾矿，坝体的稳定性和抗地震液化性能等主要取决于尾矿的物理力学性质、渗流特性及变形特性等。

（3）在坝体结构上，一般要求初期坝能透水而不漏尾矿；对尾矿坝稳定起控制作用的是下游坝坡，因此有时初期坝采用上游坝坡较陡、下游坝坡较缓的断面形式。

（4）在施工程序上，尾矿坝在基建时期只完成初期坝、排水构筑物的输水部分和出口连接部分；矿山投产、尾矿库的使用过程实际上也就是尾矿堆积坝的施工过程，随着尾矿的排放，大坝逐步加高，排水构筑物的溢流井也随着尾矿堆积面的上升而逐步加高。

（5）尾矿坝拦挡的介质为尾矿，其颗粒较细，且尾矿水中常含有各种化学成分，有的甚至为具有腐蚀性或对人体有害的成分。因此，对尾矿坝的渗漏水及尾矿库排水的水质，必须按国家规定的排放标准进行严格控制，同时还需考虑回水利用问题。

（6）在尾矿库上，为满足尽量缩短澄清距离的要求，排水构筑物与尾矿坝之间的距离往往相对较远。

需要指出的是，尽管与水库大坝相比尾矿坝存在以上特殊性，但二者的基本原理却具有许多相同之处，例如二者的设计原理和结构计算方法、施工技术及管理方法等是基本相同的[4]。

3.1.1　尾矿库[1,5]

3.1.1.1　尾矿库的类型

尾矿库分为山谷型尾矿库、傍山型尾矿库、平地型尾矿库和截河型尾矿库四种。

（1）山谷型尾矿库。山谷型尾矿库是在山谷谷口处筑坝形成的尾矿库。该种尾矿库初期坝相对较短，坝体工程量较小，后期尾矿堆积坝较容易管理维护，当堆积坝较高时可以获得较大的库容；库区纵深较长，尾矿水澄清距离及干滩长度易满足设计要求，但汇水面积较大时，排洪设施工程量相对较大。我国现有的大、中型尾矿库大多属于这种类型，如图 3.2 所示[5]。

（2）傍山型尾矿库。傍山型尾矿库是在山坡脚下依山筑坝所围成的尾矿库。该尾矿库初期坝相对较长，初期坝和后期尾矿堆积坝工程量较大；库区纵深较短，尾矿水澄清距离及干滩长度受到限制，后期坝堆高度一般不会太高，故库容较小；汇水面积小，调洪能力较低，排洪设施的进水构筑物较大。受尾矿水澄清条件和防洪控制条件差的限制，管理维护也相对复杂。国内低山、丘陵地区中小矿山常选用该类型尾矿库，如图 3.3 所示[5]。

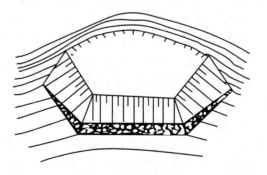

图 3.2　山谷型尾矿库　　　　　　　　图 3.3　傍山型尾矿库

（3）平地型尾矿库。平地型尾矿库是在平缓地形周边筑坝围城的尾矿库。该种尾矿库初期坝和后期尾矿堆积坝工程量大，维护管理较麻烦。周边堆坝，库区面积越来越小，尾矿沉积滩坡度越来越缓，因此尾矿水澄清距离、干滩长度及调洪能力都随之减小，堆积坝高度亦不高。汇水面积及排水构筑物相对较小。国内平原或沙漠戈壁地区常采用该类型尾矿库，如图 3.4 所示[5]。

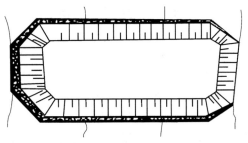

图 3.4　平地型尾矿库

　　（4）截河型尾矿库。截河型尾矿库是截取一段河床，在其上、下游两端分别筑坝形成的尾矿库。该种尾矿库不占用农田，库区汇水面积不大，但尾矿库上游汇水面积较大，库内和库上游均需设置排水系统，管理配置复杂，规模庞大，国内采用较少，如图 3.5 所示[5]。

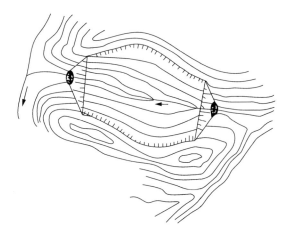

图 3.5　截河型尾矿库

3.1.1.2　尾矿库的库容

尾矿库的库容指尾矿库空间容积，如图 3.6 所示[5]。

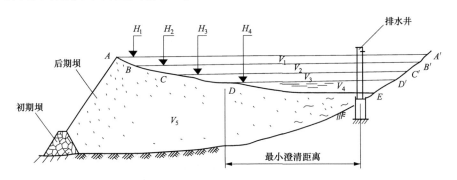

图 3.6　库容及最小澄清距离示意图

$H_1 \sim H_4$—分级水位；$V_1 \sim V_4$—分级蓄水体积；V_5—尾矿库有效库容

　　全库容指尾矿坝某标高顶面、下游坡面及库底面所围空间的容积，包括有效库容、死水库容、蓄水库容、调洪库容和安全库容等。某坝顶标高时，初期坝内坡面、堆积坝外坡面以内（对下游式尾矿坝则为坝内坡面以内），沉积滩面以下、库底以上的空间即为有效库容；

正常水位以上、设计洪水位以下可蓄积洪水的容积即为调洪库容；设计最终堆积标高时的全库容即为尾矿库的总库容。

3.1.1.3 尾矿库的设计标准

（1）尾矿库等别和构筑物级别：

1）尾矿库等别。尾矿库等别应根据尾矿库的最终全库容及最终坝高按表 3.1 确定。尾矿库各使用期的设计等别应根据该期的全库容和坝高分别按表 3.1 确定。当按尾矿库的全库容和坝高分别确定的尾矿库等别的等差为一等时，应以高者为准；当等差大于一等时，应按高者降一等确定。

露天废弃采坑及凹地储存尾矿的，周边未建尾矿坝时，可不定等别；建尾矿坝时，根据坝高及其对应的库容确定库的等别。

除一等库外，对于尾矿库失事将使下游重要城镇、工矿企业、铁路干线或高速公路等遭受严重灾害者，经充分论证后，其设计等别可提高一等。

表 3.1　　　　　　　　　　尾矿库各使用期的设计等别

等别	全库容 V（万 m^3）	坝高 H（m）
一	$V \geqslant 50000$	$H \geqslant 200$
二	$10000 \leqslant V < 50000$	$100 \leqslant H < 200$
三	$1000 \leqslant V < 10000$	$60 \leqslant H < 100$
四	$100 \leqslant V < 1000$	$30 \leqslant H < 60$
五	$V < 100$	$H < 30$

2）构筑物级别。尾矿库构筑物的级别根据尾矿库的等别及其重要性按表 3.2 确定。

表 3.2　　　　　　　　　　尾矿库构筑物的级别

尾矿库等别	构筑物的级别		
	主要构筑物	次要构筑物	临时构筑物
一	1	3	4
二	2	3	4
三	3	5	5
四	4	5	5
五	5	5	5

注　主要构筑物指尾矿坝、排水构筑物等失事后将造成下游灾害的构筑物；次要构筑物指除主要构筑物外的永久性构筑物；临时构筑物指施工期临时使用的构筑物。

（2）防洪标准：尾矿库各使用期的防洪标准应根据使用期库的等别、库容、坝高、使用年限及对下游可能造成的危害程度等因素，按表 3.3 确定。

表 3.3　　　　　　　　　　尾 矿 库 防 洪 标 准

尾矿库各使用期等别	一	二	三	四	五
洪水重现期（年）	$1000 \sim 5000$ 或 PMF	$500 \sim 1000$	$200 \sim 500$	$100 \sim 200$	100

注　PMF 为可能最大洪水。

3.1.2　尾矿坝[1-6]

尾矿坝由初期坝和尾矿堆积坝两部分组成。初期坝通常分为透水坝和不透水坝两种型式。透水初期坝是用透水性较好的材料筑成，因其透水性大于库内沉积尾矿，有利于后期坝的排水固结，并可降低坝体浸润线，提高坝体稳定性，近年来采用较多；不透水初期坝是用透水性较小的材料筑成，因其透水性小于库内尾矿透水性，不利于库内沉积尾矿的排水固结，随着尾矿的堆积，浸润线从初期坝坝顶以上的尾矿堆积坝坝坡逸出，造成坝面沼泽化，不利于后期坝的坝体稳定，因此该坝型适用于挡水式尾矿坝或尾矿堆积坝不高的尾矿坝。

3.1.2.1　初期坝坝型及其特点

初期坝一般包括以下几种型式：

（1）均质土坝。均质土坝是指用黏土、粉质黏土或风化土料筑成的坝，属不透水坝。在坝的外坡脚往往设有毛石堆成的排水棱体，以降低坝体浸润线。该坝型对坝基工程地质条件要求不高，施工简单，造价较低，在缺少石材地区应用较多，如图 3.7 所示[1]。

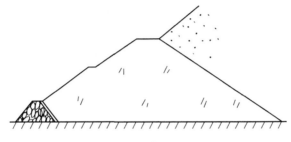

图 3.7　均质土坝

在均质土坝内坡面和坝底面铺筑可靠的排渗层，使尾矿堆积坝内的渗水通过此排渗层排到坝外，便形成了适用于后期尾矿堆积坝要求的透水土坝，如图 3.8 所示[1]。

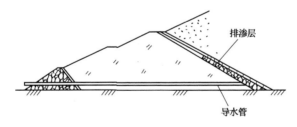

图 3.8　透水土坝

（2）透水堆石坝。用堆石料堆筑成的坝，在坝的上游坡面用天然反滤料或土工布铺设反滤层，防止尾砂流失。该坝型能有效地降低后期坝的浸润线，对后期坝稳定有利，且施工方便，成为 20 世纪 60 年代后广泛采用的初期坝型，如图 3.9 所示[1]。

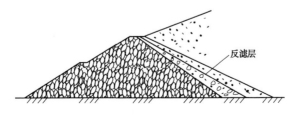

图 3.9　透水堆石坝

当质量较好的石料用量不足时，可以采用一部分较差的砂石料筑坝，即将质量较好的石料铺筑在坝体底部及上游坡一侧，将质量较差的砂石料铺筑在坝体的次要部位，如图 3.10 所示[1]。

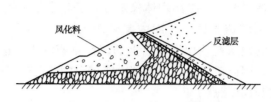

图 3.10　砂、石透水堆石坝

（3）废石坝。采矿场剥离的废石质量符合强度和块度要求时，可按正常堆石坝要求筑坝；也可以结合采矿场废石排放筑坝，废石不经挑选，用汽车或轻便轨道直接上坝卸料，下游坝坡为废石的自然休止角，坝顶宽度较大，如图 3.11 所示[1]。在坝体上游坡面设置砂砾石料或土工布做成的反滤层，以防止坝体土颗粒透过堆石流失。

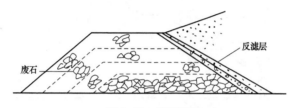

图 3.11　废石坝

（4）砌石坝。砌石坝是用块石或条石砌成的坝，分为干砌石和浆砌石两种。坝体强度高，坝坡可以做得比较陡，虽然能节省筑坝材料，但其造价较高。该种坝型适用于高度不大的尾矿坝，且对坝基的工程地质条件要求较高，坝基最好是基岩，以免坝体产生不均匀沉降，导致坝体产生裂缝。

（5）混凝土坝。混凝土坝整体性好、强度高，坝坡可以做得较陡，筑坝工程量比其他坝型小，但工程造价高，对坝基条件要求高，采用较少。

3.1.2.2　尾矿堆积坝坝型及其特点

尾矿堆积坝实际上就是尾矿沉积体。我国是世界矿业大国，建有尾矿库 4000～5000 座。截至 2014 年年底，坝高 100m 以上的高坝已有 26 座，最大设计坝高已达 260m，库容超过 $1×10^8 m^3$ 的尾矿库有 10 座[1,4]。大、中型尾矿堆积坝最终高度往往比初期坝高出很多，是尾矿坝的主体部分。根据相对于初期坝堆积位置的不同，尾矿堆积坝一般可分为以下几种。

（1）上游式尾矿堆积坝。上游式尾矿堆积坝筑坝是指向初期坝上游方向堆积尾矿加高坝体的一种筑坝工艺。其筑坝法已在我国积累了丰富的经验，而我国鉴于上游法工艺简单、便于管理、适用性高等特点，90%以上的尾矿坝都采用上游法筑坝。

上游式尾矿堆积坝的特点是坝轴线的位置不断向上游推移，无上游坝面轮廓线，坝体与沉积滩连为一体。沉积体内存在多层细泥夹层，这一方面降低了坝体的渗透性，抬高了坝体内浸润线的位置；另一方面使坝体的抗剪强度降低。因此，上游式筑坝的稳定性较差，抗地震液化性能差，如不采取一定的措施，就不适于在高地震烈度地区使用。但是，该筑坝工艺简单，管理方便，成本低，在国内外普遍采用，如图 3.12 所示[1]。

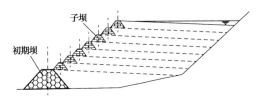

图 3.12　上游式尾矿堆积坝

　　1976 年经受了 7～8 级大地震的位于唐山附近的大石河和新水村等 3 座尾矿坝均未发生溃坝事故，并可继续使用。木子沟尾矿坝高达 122m，采用了定向爆破加固坝体。所以，采取必要的处理措施，对在地震或爆破作用下的液化是可以防止的。

　　（2）下游式尾矿堆积坝。下游式尾矿堆积坝筑坝是指在初期坝下游方向用旋流分级粗尾砂冲积尾矿的筑坝方式。

　　下游式尾矿筑坝用水力旋流器将尾矿分级，溢流部分（细粒尾矿）排向初期坝上游方向沉积，底流部分（粗粒尾矿）排向初期坝下游方向沉积。其特点是子坝中心线位置不断向初期坝下游方向移升，如图 3.13 所示[1]。由于坝体尾矿颗粒粗，抗剪强度高，渗透性能较好，浸润线位置较低，故坝体稳定性较好。但该类型坝管理复杂，且只适用于颗粒较粗的原尾矿，同时又要求有比较狭窄的坝址地形条件，目前国外使用较多，国内使用较少。

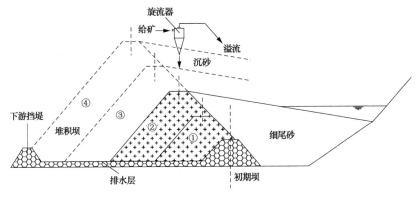

图 3.13　下游式尾矿堆积坝
①～④—堆坝程序

　　（3）中线式尾矿堆积坝。中线式尾矿堆积坝筑坝是指在初期坝轴线处用旋流分级粗尾砂冲积尾矿的筑坝方式。该工艺利用水力旋流器将尾矿分级，溢流部分（细粒尾矿）排向初期坝上游方向沉积，底流部分（粗粒尾矿）排向初期坝下游方向沉积。在堆积过程中，保持坝顶中心线位置始终不变，如图 3.14 所示[1,5,6]。其优缺点介于上游式尾矿堆积坝与下游式尾矿堆积坝之间。江西德兴铜矿 4 号尾矿库即采用此法筑坝。

　　此外，有的尾矿坝，在加高增容时为增加坝体稳定性，将原来采用的上游法筑坝改为中线法筑坝，称为改良式中线法筑坝。山西峨口铁矿尾矿坝即采用此法筑坝。

　　中线式尾矿堆积坝渗透性较强，浸润线低，坝体稳定性好，但筑坝工艺复杂、管理难度大，与下游式类似，容易受地形限制、运营费用高等，在国内采用较少。

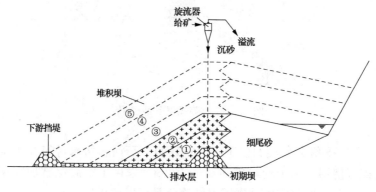

图 3.14　中线式尾矿堆积坝
①～⑤—堆坝程序

3.1.2.3　尾矿坝上部沉积滩

沉积滩是指水力冲积尾矿形成的沉积体表层，常指露出水面部分。其中，滩顶是指沉积滩面与堆积坝外坡的交线，为沉积滩的最高点；滩长是指由滩顶至库内水边线的水平距离；最小干滩长度是指设计洪水位时的干滩长度；安全超高是指尾矿坝沉积滩顶至设计洪水位的高差；最小安全超高是指规定的安全超高的最小允许值，如图 3.15 所示[1]。

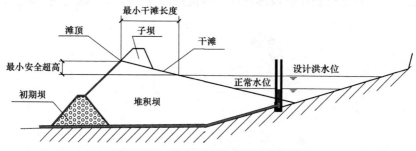

图 3.15　滩顶、滩长、超高示意图

3.1.2.4　尾矿坝坝高

对初期坝和中线式、下游式尾矿堆积坝，坝高为堆积坝坝顶与坝轴线处坝底的高差；对上游式尾矿堆积坝，坝高则为堆积坝坝顶与初期坝坝轴线处坝底的高差。总坝高指与总库容相对应的最终堆积标高时的坝高。堆坝高度又称堆积高度，是指尾矿堆积坝坝顶与初期坝坝顶的高差，如图 3.16 所示[1,5]。

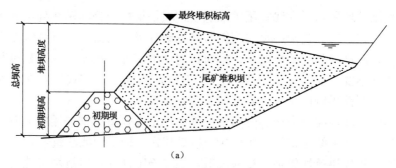

（a）

图 3.16　尾矿坝总坝高、坝高、堆积标高示意图（一）
（a）总坝高示意图

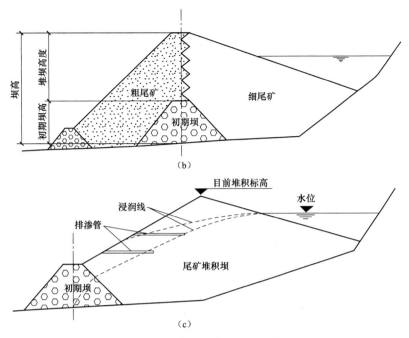

图 3.16 尾矿坝总坝高、坝高、堆积标高示意图（二）
(b) 坝高示意图；(c) 堆积标高示意图

3.2 尾矿坝工程设计

3.2.1 设计内容及基本资料

3.2.1.1 主要设计内容

本章的讨论重点是尾矿库、尾矿坝、排洪构筑物及尾矿坝监测设施等的设计。在这些设施中，虽然尾矿坝是其主体和核心构筑物，但这些设施之间又存在有机联系，缺一不可。因此，尾矿坝工程设计的主要内容包括[3]：

（1）尾矿库的规划设计。尾矿库的规划设计包括尾矿库的选址设计、尾矿库库容的确定、尾矿库工程等别及构筑物级别的确定、尾矿库的监测及辅助设施布置等。

（2）尾矿坝的设计。尾矿坝的设计包括尾矿坝的布置设计、沉积滩控制尺寸的选择、最小安全超高的确定、最小干滩长度的确定、尾矿坝的渗流及稳定计算及尾矿坝的构造设计等。

（3）尾矿库的排洪设计。尾矿库的排洪设计包括尾矿库排洪构筑物布置设计、排洪构筑物的水力计算、尾矿库的调洪计算及排洪构筑物结构设计等。

（4）尾矿库的环保防渗设计。尾矿库的环保防渗设计包括环保防渗标准的确定、环保防渗设施布置设计及其他环保措施设计等。

3.2.1.2 设计基本资料

尾矿坝工程设计应具有的基本资料主要包括[3]：

（1）尾矿物理化学性质资料。包括尾矿颗粒组成，尾矿浆重量浓度，尾矿量和尾矿的物理、化学性质资料，尾矿水水质分析及水处理试验资料，尾矿浆的沉降及浓缩试验资料，尾矿土力学试验资料等。

（2）尾矿输送与处理资料。包括尾矿排出口标高，尾矿水力输送试验或流变学试验资料，受纳水体的环境功能要求，尾矿及尾矿水的危害性属类等环保资料，矿区及周边地区的区域地形图、区域地质图、矿权矿点分布图等。

（3）尾矿坝设计资料。包括尾矿库区气象及水文资料，库区、坝址、排洪构筑物沿线、筑坝材料场地和尾矿输送管槽线路等的地形图，以及工程地质与水文地质勘查（含地质平面图、典型地质剖面图及地震有关参数）资料，筑坝材料物理力学指标试验资料等。

（4）社会经济资料。包括尾矿库上下游居民区、重要工业设施及工农业经济调查资料，尾矿库占用土地、房屋和其他设施拆迁及管道穿越铁路、公路、通航河流等的协议文件等。

3.2.2　坝址选择的原则[7]

尾矿坝坝址选择的原则主要包括：

（1）不应设在风景名胜区、自然保护区、饮用水源保护区及法律禁止的矿产开采区。

（2）不宜位于大型工矿企业、重要铁路和公路、水产基地和大型居民区上游或主导风向的上风侧。

（3）坝轴线短，土石方工程量少。

（4）以最小的坝高获得较大的库容。

（5）坝基地质条件良好，处理简单，尽量避开溶洞、泉眼、断层等地质构造。

（6）不占或少占农田，不迁或少迁居民。

3.2.3　初期坝设计[7]

3.2.3.1　坝顶高程的确定

初期坝所形成的库容一般可贮存选厂初期生产规模半年到一年的尾矿量（老厂新建时可适当降低），并按初期坝装满尾矿且库水位降低到控制水位 H_k 时的水面长度 l_s 应大于排水系统布置时要求的澄清距离 l_c 的条件进行复核。如图 3.17 所示[7]，控制水位按下式确定

$$H_k = H - e - h_t - h_j \tag{3.1}$$

式中：H_k 为控制水位标高，m；H 为初期坝坝顶高程，m；e 为安全超高，m；h_t 为尾矿库调洪高度，m，由调洪演算确定；h_j 为尾矿回水的调节高度，m，当需用尾矿库进行径流调节时由水量平衡计算确定。

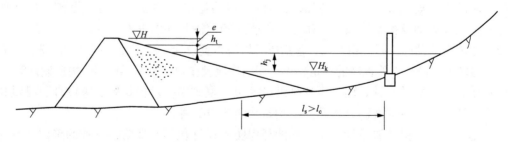

图 3.17　初期坝坝高确定示意图

3.2.3.2　初期坝坝型选择

初期坝坝型选择应符合下列要求[3]：

（1）初期坝宜采用当地材料构筑。

（2）上游式尾矿库的初期坝宜采用透水坝型，中线式、下游式尾矿库的初期坝坝型可根据需要确定。

（3）一次建坝的尾矿坝可分期建设，第一期坝应符合初期坝的有关规定，后期筑坝高度应始终大于尾矿堆积高度的要求。

（4）对于有特殊要求的尾矿库，可采用不透水坝型。

3.2.3.3　透水堆石坝设计

透水堆石坝由堆石体及其上游面的反滤层和保护层组成，因其透水性好，故可降低尾矿坝的浸润线，加快尾矿固结，有利于尾矿坝的稳定，如图 3.18 所示[7]。

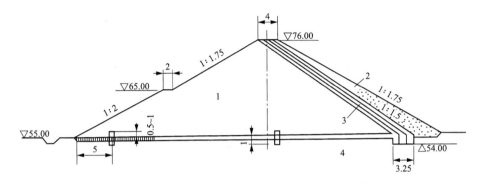

图 3.18　透水堆石坝实例图（单位：m）

1—机械级配块石；2—砂卵石保护层；3—反滤层；4—砂卵石地基

（1）筑坝石料选择。堆石坝筑坝石料，不同的填筑部位石料要求不同，对于浸润线以下部分的石料要求如下：

1）坝高大于 15m 时，石料的极限抗拉强度一般要求不小于 4000kPa。

2）石料的粒径及粒径组成，应根据坝高、石料质量及施工等因素确定，一般堆石中小于 2cm 的颗粒含量不应超过 5%。堆石孔隙率要求：坝高＞15m，≤35%；≤15m，≤40%；干砌石：25%～30%。

3）软化系数不低于 0.8～0.9。

4）莫氏硬度不低于 3。

5）对于干砌石要求方平，最小边长不小于 0.2m，长短边之比不超过 3～4。

当采矿有足够的符合以上要求的废石，且运距较近时，应优先考虑采用。当尾矿库附近没有足够的筑坝石料时，还可利用风化料（放在坝体下游浸润线以上部分），做成混合式坝型，如南芬小庙儿沟、本钢歪头山及南峪沟尾矿坝等。

（2）坝体断面设计：

1）坝顶宽度选择。当有交通要求时，坝顶宽度可根据行车需要确定；无交通要求时，可按尾矿工艺操作条件决定，如表 3.4 所示[7,8]，但不应小于表 3.1 中的数值。

表 3.4　　　　　　　　　　　　　初期坝坝顶最小宽度　　　　　　　　　　　　　　m

坝高	＜10	10～20	20～30	＞30
坝顶最小宽度	2.5	3.0	3.5	4.0

2）坝坡坡度选择。坝坡与坝身构造、坝高、材料性质、施工方法、坝基地质情况以及地震烈度等有关。坝体的下游坡，当地基为岩基且坝高小于 30m 时，坡度一般可取为 1:1.3～1:1.5；地基非岩基时，应做得缓些，有的可达 1:2.0，具体可按表 3.5 确定。下

游坡面应用大块石堆筑平整，每隔 10～15m 高度设置 1～2m 宽的马道。坝的上游坡应不陡于反滤层或保护层的自然休止角，并应考虑反滤层施工条件，一般不陡于 1∶1.6。在地震区，坝坡可放缓 10％～20％。

表 3.5   初 期 坝 下 游 坡 度

坝高（m）	均质土坝下游坡坡度	透水堆石坝下游坡度	
		岩基	非岩基
5～10	1∶1.75～1∶2.0	1∶1.5～1∶1.75	1∶1.75～1∶2.0
10～20	1∶2.0～1∶2.5		
20～30	1∶2.5～1∶3.0		

3）反滤层构造设计。为防止渗透水将尾矿带出，在堆石坝的上游面必须设置反滤层。在堆石与非岩石地基间，为了防止渗透水流的冲刷，也需设置反滤层或过渡层。堆石坝的反滤层一般由砂、砾、卵石或碎石等三层组成，粒径沿渗流方向由细到粗。反滤层也可以采用土工布材料，但是反滤层土工布的有效孔径与尾砂粒径之间必须满足透水性以及防止管涌要求，如图 3.19 所示[7]。

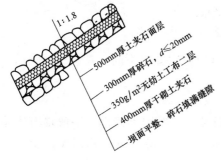

图 3.19 南山坳尾矿坝土工布铺设方法

为了避免堆石沉降造成的反滤层断裂，并考虑机械化施工，可适当加大反滤层的厚度，减少反滤层层数，反滤层每层平均厚度一般不小于 40cm。为防止尾矿浆及雨水的冲刷，反滤层表面应铺设保护层，其厚度由稳定计算确定。保护层可用干砌块石、砂卵石、碎石、大卵石或采矿废石铺筑，以就地取材、施工简单为原则。

3.2.3.4 不透水堆石坝设计[8]

（1）适用条件：

1）尾矿不能堆坝，并由尾矿库后部放矿经济时；

2）尾矿水含有有毒物质，须防止尾矿水对下游产生危害时；

3）要求尾矿库回水，而坝下回水不经济时。

（2）构造要求。尾矿不透水堆石坝的防渗斜墙可用黏土斜墙和沥青混凝土斜墙。前者的优点是具有良好的塑性，能有效地适应坝体的不均匀沉陷，便于就地取材，节省投资，如图 3.20 所示[7]。

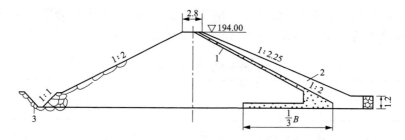

图 3.20 不透水堆石坝实例图（单位：m）

1—黏土斜墙；2—反滤层（三层）；3—浆砌块石明沟

B—坝宽

黏土斜墙的构造要求主要有以下几点：

1）在上游坡产生变形时，斜墙应保持不透水。

2）斜墙与堆石体之间应铺设由砾石、碎石或细石铺成的过渡层。

3）斜墙断面应自上而下逐渐加厚，当用壤土或重壤土修筑斜墙时，其顶部厚度（垂直于上游坡面方向的厚度）应不小于表 3.6[8] 中所列数值；底部厚度不得小于水头的 1/10，并不得小于 2m。斜墙厚度初步选定后，应根据允许渗流量和渗透坡降计算确定。

表 3.6　　　　　　　　　　斜 墙 顶 部 厚 度　　　　　　　　　　m

坝体材料	坝高＞50m	坝高 30～50m	坝高＜30m
砂土	1.0	0.75	0.5
砾石或块石	3.0	2.5	2.0

4）在正常运用条件下，斜墙顶在静水位以上的超高应不小于表 3.7[8] 中规定的数值；在非常运用条件下，斜墙顶不得低于非常洪水位。

表 3.7　　　　　　　　　　斜 墙 顶 超 高

坝的级别	1	2	3	4、5
超高（m）	0.8	0.7	0.6	0.5

5）土质斜墙上游必须设置砂土或砂砾石的保护层，保护层的外坡坡度应根据稳定计算确定，一般可取为 1∶2.5～1∶3.0。

6）当地基为透水层时，斜墙应嵌入不透水层，或做铺盖延长渗径。

7）斜墙应放在用大石块精细地干砌起来的块石层上面，块石间的大孔隙用碎石填充，其孔隙率不大于 20％～30％。

3.2.3.5　均质土坝设计[8]

均质土坝造价低、施工方便，是缺少砂石料的地区常用的坝型。由于土料的透水性较尾矿差，当尾矿堆积坝达一定高度时，浸润线溢出点往往在堆积坝边坡，易造成管涌，导致垮坝事故。为此，必须切实做好土坝的排渗设施，以降低尾矿坝的浸润线。近年来，在工程设计中出现了适于尾矿堆积坝排渗的土坝新坝型，如易门狮子山、牟定等尾矿坝，如图 3.21[7] 和表 3.8 所示[8]。

土坝构造要求如下：

（1）坝顶。当无行车要求时，坝顶宽度一般不小于 3m。为了排除雨水，坝顶面宜向外坡倾斜，坡度一般采用 2％～3％。

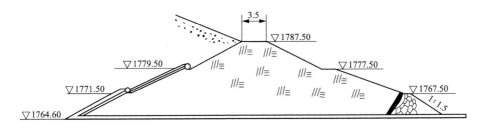

图 3.21　均质土坝实例图（单位：m）

表 3.8   均质土坝工程实例表

工程名称	最大坝高（m）	坝长（m）	主要物理力学指标①	工程量（万 m³）	坝型
易门狮子山	16	122	$w=14\%\sim15\%$；$\gamma_g=1.85t/m^3$	土方：6.0；石方：1.3	均质土坝
牟定	27.5	60	$w=21\%$；$\gamma_g=1.61t/m^3$	4.0	均质土坝
凡口	23.7	140	$w=20\%$；$\gamma_g=1.60t/m^3$	—	不透水亚黏土均质坝
上厂	25	120	$w=26\%\sim30\%$；$\gamma_g=1.50t/m^3$	土方：8.5；石方：5.2	不透水黏土均质坝

① w 为含水量，γ_g 为干容重。

（2）坝坡。坝坡坡度取决于坝型、坝高、土壤种类、地基性质及渗透条件，设计中应通过边坡稳定计算确定，初步确定可参考表 3.5 选取。由于尾矿初期坝上游坡堆压尾矿，有利于内坡的稳定，因此尾矿初期坝的内坡可取略陡于外坡或等于外坡。

（3）排渗设施。尾矿初期坝可采用的综合排掺设施有：①斜卧层—褥垫层，如图 3.22（a）所示；②排渗管，如图 3.22（b）所示；③棱体—褥垫层，如图 3.22（c）所示[7]。当坝下游有水时，坝脚应加设棱体或斜卧层排渗。

（4）反滤层设计：

1）反滤层的透水性应大于被保护土的透水性；

2）被保护土层的颗粒不应被冲过反滤层；

3）反滤层细粒层的颗粒不应穿过相邻颗粒较大一层的孔隙，且每一层内的颗粒不应发生移动，各层的堵塞量不应超过 5%；

4）反滤料的砂、石料应未经风化与溶蚀，具有抗冻性以及不被水流所溶解。

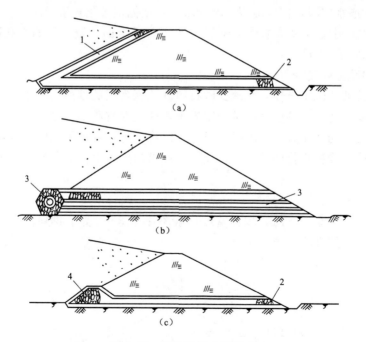

图 3.22　排渗设施主要形式
（a）斜卧层排渗；（b）排渗管排渗；（c）棱体排渗
1—斜卧层；2—褥垫层；3—排渗管；4—棱体

（5）护坡。坝内坡一般不设护面，但为防止投产初期放矿时冲击坝面，可采取适当措施。对于坝顶和外坡，可采用下列方法护面：

1）铺盖 0.1～0.15m 的密实砾石或碎石层；

2）铺种草皮；

3）在坝肩与坡脚设截水沟和排水沟；

4）为了排除雨水，下游坡的马道在横向、纵向都应有一定的坡度。

（6）坝体与坝基及岸坡的连接。均质土坝与坝基及岸坡的连接，应保证连接面处不产生集中渗流和不存在软弱夹层，连接面的坡度及形式亦应妥善处理，以防不均匀沉降时坝体产生裂缝。当坝体与岸坡连接处存在渗透性大、稳定性差的坡积物时，如厚度较小，可全部清除；如厚度较大全部清除有困难时，则应采取适当的措施进行处理。

在任何情况下，坝体与岸坡结合均应采用斜面连接，不得将岸坡清理成台阶式，更不允许有反坡，岸坡清理坡度岩石一般不陡于 1∶0.75，黏性土一般不陡于 1∶1.5。

3.2.3.6　定向爆破筑坝

定向爆破筑坝在一定的地形、地质条件下是一种多快好省的筑坝方法，尤其适用于修建不设防渗体的堆石坝。

定向爆破筑坝的基本原理是利用炸药在岩土内爆炸时，岩土的主要地掷方向系沿着最小抵抗线的方向（即从药包中心到临空面最短距离的方向）抛出的物理现象，把大量土石按指定的方向搬移到预定的位置上去，并使其堆积成所需的坝体形状。

采用定向爆破筑坝的技术条件为：

（1）地形条件：

1）河谷狭窄，岸坡陡峻（要求在 45°以上）。

2）爆破岸山体有一定高度和厚度：山体高度在单岸爆破时应大于坝高的 2～2.5 倍，双岸爆破时应大于坝高的 1.5～2.0 倍；山体厚度应大于坝高的 2.25 倍。

3）爆破岸有一定长度的平直段，最好是有天然的凹形坡面。

（2）地质条件：

1）岩性均一，岩石裸露，覆盖层较薄，岩石适于做坝体材料；

2）地质构造简单、稳定（断层、破碎带、大裂缝少，无滑坡等不良地质构造）。

（3）整体布置与施工条件：

1）考虑排水涵管、泄洪隧洞的布置，使其处于爆破危险范围以外；

2）考虑导阔开挖与装药、堵塞作业的施工条件。

3.2.3.7　风化料筑坝

风化料筑坝容易压实，可充分利用开挖弃料或当地材料，有时可取得节省劳动力、降低造价的效果，如图 3.23 所示[7]。

（1）风化料的性质：

风化料按其颗粒组成可分为风化砾石、风化砂和风化土三类。

风化料中砾石含量大于 50% 时即为风化砾石，风化砾石所含砾石多半为半风化状态，强度低，受力较易破碎，且吸着水含量大。

风化砂是地表岩层风化过程中的中间产物，其耐久性较一般土料差，强度较弱。风化砂的压实性能良好，固结也较快，可以作为良好的透水料或半透水料。板岩、页岩风化土较多见，室内试验风化土的渗透系数小于 10^{-6}cm/s，可以作为良好的防渗材料。

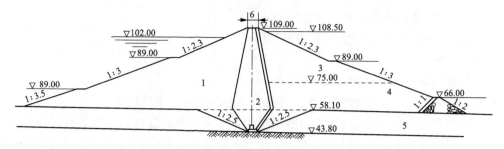

图 3.23　风化料筑坝实例图

1—风化砂；2—黏土心墙；3、4—冲积砂；5—河床覆盖层

（2）风化料的填筑。风化料多有浸水后强度降低、压缩性增大的特性，同时在干湿与冻融循环作用下易崩解破碎，因此填筑时应采取相应措施防止细料流失。压实风化料时应注意防止大块架空现象，为此应限制上坝风化料的最大粒径，使其不大于铺土厚度的 1/2。

3.2.4　尾矿堆积坝设计

尾矿库应尽量利用尾矿冲积筑坝。如果尾矿库距采矿场较近，利用采矿废石筑坝并兼作废石堆场也是可行的。当尾矿不能筑坝而用废石筑坝又不经济时，也可采用当地其他材料加高后期坝。

3.2.4.1　尾矿水力冲积筑坝

为使尾矿冲积坝（尤其是边棱体）具有较高的抗剪强度，要求各放矿口冲积粒度一致，并使冲积滩上无矿泥夹层。具体应注意以下几点：

（1）筑坝期间一般采用分散放矿，矿浆管沿坝轴线敷设，放矿支管沿坝坡敷设，随筑坝高度的增加而加长。在库内设集中放矿口，以便在不筑坝期间、冰冻期和汛期向库内排放尾矿。

（2）在冰冻期一般采用库内冰下集中放矿，以避免在尾矿冲积坝内（特别是边棱体）有冰夹层或尾矿冰冻层存在而影响坝体强度。

（3）每年的筑坝高度要适应库容的要求，充分利用筑坝季节，严格控制干滩长度，以保证边棱体强度。

（4）尾矿冲积坝的高程，除满足调洪、回水和冰下放矿要求外，还应有必要的安全超高。

尾矿水力冲积坝筑坝方法主要有五种：冲积法、池填法、渠槽法、采用水力旋流器分级的上游法、尾矿分级下游法。填筑方法将在 3.3 节具体介绍。

3.2.4.2　废石筑坝

废石是由各种岩石成分组成的块度极不均匀的废旧石料，如大孤山废石由花岗岩、玢岩、千枚岩、绿泥片岩、黏土、砂等组成。废石的堆积相对密度与岩性、级配有关，一般平均为 $2.0t/m^3$ 左右。废石的自然堆积角是设计采用废石内摩擦角的依据，与岩性、颗粒组成等因素有关，一般根据实地测量获得。

（1）废石筑坝的优点：

1）稳定性好，特别是抗震稳定性较尾矿水力冲积坝优。

2）排渗条件好，能够使尾矿沉积体加快固结。

3）便于机械化施工，可大量减少劳动力。

4）废石筑坝可兼作废石堆场，并可增加尾矿库利用系数。

（2）废石筑坝易出现的问题及处理措施：

1）塌陷：由于废石松散、块度不均、内边压在尾矿沉积体上而造成。可采取边陷边填边压实的方法处理。

2）坍坡：由于碎石松散、机动车荷载和雨水等因素造成。局部坍坡无碍整体稳定，坍塌处应注意修补，雨季注意巡视。

3）渗漏：由于尾矿与废石之间无过渡层，易流失尾矿，集中放矿也易于发生渗漏。防止办法是利用较细废石做过渡层，堆在内侧并分散放矿，使坝前沉积成粒度均匀的沉积滩，防止渗漏。

大型矿山的废石筑坝采用电机车运料，电铲倒运，平土犁平土，移道机移道，同时还有检修车，随时检修各种机械设备，如大孤山尾矿坝。对于小型矿山，可采用汽车运输，电铲装车，推土机平整压实的筑坝方法。

3.2.4.3 尾矿堆积坝的构造

（1）坝顶宽度。坝顶宽度根据筑坝机械、管道设备及操作要求确定。

（2）坝坡。外坡应由稳定计算确定，Ⅳ、Ⅴ级尾矿冲积坝也可根据经验确定。下游法筑坝的内坡安全系数可按次要构筑物选用，对于高坝的坝坡，可自上而下分段变缓。

（3）马道。在坝坡上每隔 10～20m 高差应设置一条马道，马道最小宽度为 3～5m。

（4）护坡。为防止雨水、渗流冲蚀以及粉尘飞扬，可在坝披上覆盖废石或确保山坡土厚为 0.2～0.3m；也可种植草或灌木（当尾矿较粗时，应先铺 0.2～0.3m 厚的腐殖土层）。

（5）截水沟与排水沟。沿坝坡同山坡的交界线设浆砌块石截水沟，以防山坡汇流雨水冲刷后期坝坝坡脚，此截水沟与初期坝的截水沟相连接。在每层马道的内侧也应设砌块石或混凝土纵向截水沟，沿截水沟每隔 30～50m 设置横向排水沟，将水引到坝坡脚以外，如图 3.24 所示[7]，以防雨水冲刷坝面。

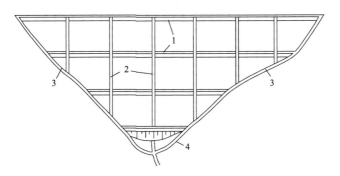

图 3.24 坝的截水沟与排水沟布置图
1—纵向截水沟；2—横向排水沟；3—坝脚截水沟；4—排水沟

3.2.4.4 尾矿堆积坝的排渗设施

尾矿坝是一种散粒体堆筑的水工构筑物，当上游存在高势能水位时，坝体内必然形成复杂的渗流场。在渗流作用下，坝体有可能发生渗透破坏，严重时将导致溃坝。

浸润线是反映坝体渗流的特征线，浸润线的位置是坝体排水性能的综合反映。它的走势取决于坝体土料的物理性质、渗透性能、干滩长度、坝体形状与结构、初期坝的渗水性以及排渗设施的布置。

为降低浸润线以提高坝体的稳定性，工程上常采取在尾矿坝体增设排渗降水设施的方法，并取得了成功的经验。尾矿坝的排渗设施有水平排渗、竖向排渗和竖向水平组合排渗三种基本类型。常用的排渗降水方法有：

（1）水平排渗管法。水平排渗管是一种自流式排渗装置。在坝体内设置水平管，前段为滤水管，后段为排水管，伸至坝外，排渗管应具有较小的仰角。该方法较经济，但当坝内有隔水层、垂直渗透系数过低时，将影响降水效果。江苏九华山尾矿坝、句容尾矿坝，黑龙江松江尾矿坝，江西大吉山尾矿坝等，都先后使用了这一技术，如图3.25所示[7]。

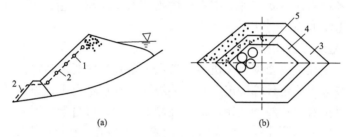

(a)　　　　　　　　(b)

图 3.25　排渗管及排渗盲沟构造图

（a）大吉山排渗管布置；（b）排渗盲沟

1—渗管 d_{200}；2—集水管 d_{150}；3—粗砂；4—砾石；5—块石

（2）预埋排渗盲沟。在沉积干滩上垂直于坝长方向每隔30～50m设置一道横向盲沟。在平行于坝长方向设一道纵向盲沟，与各条横沟连通。在纵沟上每隔50～80m连接一根导水管，通到坝坡以外。横向盲沟汇集的渗水先进入纵向盲沟，再与纵向盲沟汇集的渗水一起通过导水管排向坝外。沟内的滤料应选用有一定级配比例的砂石。该方法造价低、施工简单，但是只有当浸润线超过排渗盲沟后才能起作用，而且后期坝体的固结易造成预埋盲沟的堵塞或失效，如图3.26所示[7]。

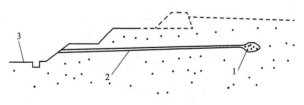

图 3.26　预埋排渗盲沟图

1—盲沟；2—导水管；3—排水沟

（3）轻型井点法。这是建筑施工行业进行施工降水的常用方法。该方法先用钻机在堆积坝坝顶竖直向下敷设井点管（下端带有针状过滤器的钢管），经一条总干管将各井点连接在一起，通过集中设置的虹吸泵水系统排水，起到降低浸润线或截断地下水的作用。这种方法适用于渗透系数为 $1 \times 10^{-2} \sim 1 \times 10^{-5}$ cm/s 的尾矿坝。安徽马钢南山矿、合钢钟山铁矿及河北符山铁矿都使用过这一技术，如图3.27所示[7]。

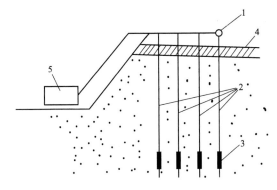

图 3.27 轻型井点管排渗示意图

1—主管；2—导水管；3—过滤器；4—止水（气）带；5—抽水泵房

（4）辐射井排渗。该系统由垂直大口井和多条水平辐射状滤水管及通往坝坡的自流排水管组成。堆积坝中的渗流水在地下水头的作用下向辐射滤水管汇流，并通过滤水管汇入辐射井，辐射井汇集各辐射滤水管的渗水，再由一条设于辐射井底部的水平排水管排出坝坡。目前这种排渗方法应用较为广泛，如图 3.28 所示[7]。

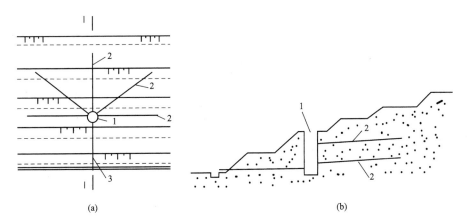

(a) (b)

图 3.28 辐射井排渗系统示意图

（a）平面布置；（b）辐射井剖面

1—辐射井；2—水平滤管；3—导水管

（5）初期堆石坝排渗。该方法是利用初期堆石坝进行排渗，在初期坝的上游面设置反滤层，可以有效降低后期尾矿堆积坝的浸润线，而且施工简便。因此，在 20 世纪 60 年代以后，尾矿初期坝广泛采用堆石坝。

3.2.5 尾矿坝的排洪计算与排洪构筑物

3.2.5.1 尾矿坝的排洪计算

进行排洪计算是为了根据选定的排洪系统和布置，计算出不同库水位时相应的泄洪流量，来进行排洪构筑物结构尺寸的优选。

若尾矿库的调洪库容足够大，排洪问题便能够很轻易地解决，可以将洪水汇集后慢慢排出，于是排洪构筑物可以做得小一些，相应的工程投资费用便少了；但是，一般情况下，尾矿矿库的调洪库容不足以容纳全部洪水，此时就需要利用这部分调洪库容来进行调洪计算，以选出最优的排洪建筑物的结构尺寸。

排洪计算一般分为以下三步：

（1）确定防洪标准。

（2）洪水计算及调洪演算：确定防洪标准后，查询当地水文手册得到水文资料以及相关水文参数，建立尾矿库水位—容积关系曲线图，并根据已有资料，进行调洪演算。

（3）排洪计算：根据步骤（2）所得成果，进行库内水量平衡计算，便可求出经过调洪后的洪峰流量，即尾矿库所需的排洪流量。最后，还应以尾矿库所需排洪流量为依据，进行排洪构筑物的水力计算，以确定排洪构筑物的净空断面尺寸。

3.2.5.2　排洪构筑物

尾矿库排洪系统常用的形式有排水管、隧洞、溢洪道及山坡截洪沟等。排洪系统形式的选择，应根据排洪流量大小、尾矿库地形地质条件、使用要求以及施工条件等因素，经技术经济比较确定。一般对于小流量的排洪多采用排水管，中等流量的排洪可采用排水管或隧洞，大流量的排洪则宜采用隧洞或溢洪道。对于大、中型工程，隧洞排洪比排水管经济可靠，如地形地质条件允许，应优先选用隧洞。现有很多尾矿库采用隧洞排洪，如南芬、德兴、杨家杖子、浏阳等矿[4]。

隧洞和排水管的进水头部可采用排水井或排水斜槽。排水井有井圈叠装式（叠圈式）、窗口式、框架挡板式和砌块式等。前两者适用于小流量的排洪，后两者适用于大、中流量的排洪。排水斜槽则适用于中、小流量的排洪。

对于洪水流量很大的尾矿库，利用适当的地形开挖岸坡溢洪道通常比其他形式的排洪方式更加经济，但其维护管理复杂，要求严格，安全不易得到保证。溢洪道根据地形条件可布置成侧槽式或正槽式。有时为了避免全部洪水流经尾矿库增大排洪系统的尺寸，也可沿库周边开挖截洪沟，或在库后部山谷狭窄处设拦洪坝和溢洪道分洪，如图3.29[7]所示。

有些尾矿库在使用后期，尾矿堆高于周围山脊或鞍部地段，此时利用鞍部地形开挖溢洪道很有利，故可考虑采用正槽式溢洪道作为尾矿库后期的排水和尾矿库用完后的永久性排水。

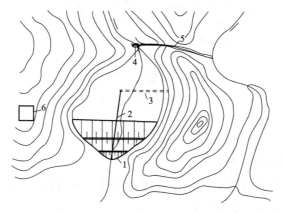

图3.29　东坡尾矿库排水系统布置图

1—尾矿坝；2—排水管；3—排水斜槽；4—拦洪坝；5—溢洪道；6—选矿厂

当采用隧洞排洪时，通常也需由洞口接一段排水管，并布置几个排水井，如图 3.30 所示[7]。

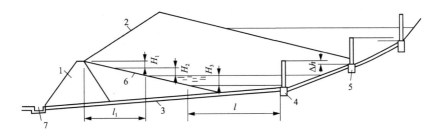

图 3.30 井-管式排水系统示意图

1—初期坝；2—最终堆积坝；3—排水管；4—第一个排水井；5—后续排水井；6—尾矿沉积滩；7—消力池
H_1—安全超高；H_2—调洪高度；H_3—蓄水高度；Δh—井筒重叠高度；l_1—沉积滩干滩长度；l—澄清距离

尾矿水的澄清距离可按排水的允许悬浮物含量及最大粒径，根据计算或参考尾矿性质类似的尾矿库经验数据确定。

尾矿澄清水中悬浮物的允许含量及最大粒径，当需要回水时，按生产工艺要求确定；当向下游河道排放时，应满足国家卫生标准的要求。

尾矿在坝前均匀排放时所需的澄清距离可按式（3.2）计算[5]，即

$$l = \frac{h}{u}v = \frac{h}{h'} \cdot \frac{Q}{nau} \qquad (3.2)$$

式中：l 为所需的澄清距离，m；h 为颗粒在静水中的下沉深度（即澄清水层的深度），一般取 $0.5 \sim 1.0$m；u 为颗粒在静水中的沉降速度，m/s；Q 为矿浆流量，m^3/s；h' 为矿浆流动平均深度，一般可取 $0.5 \sim 1.0$m；n 为放矿口同时工作个数；a 为放矿口的间距，m。

3.2.6 尾矿坝的稳定性分析

坝体稳定性分析的目的是分析坝体及坝基在各种条件下可能产生的失稳形式，校验其稳定性，确定坝体经济剖面。尾矿坝边坡稳定性分析是从总体上定量评价和预测坝体的工作状态，其在尾矿坝设计和管理中占有重要位置。坝体稳定性分析包括静力与动力稳定性分析，重点分析坝体在渗透压力和孔隙压力等作用下坝体的稳定性。

3.2.6.1 尾矿坝地下水渗流场分析[9]

尾矿库工程的最突出特点是地下水的渗流作用对坝坡稳定性和污染物的迁移起到决定性作用。因此，尾矿库地下水渗流状态的可靠分析与评价是尾矿库工程研究的关键。

渗流分析的主要目的有以下两点：一是计算孔隙压力，为坝体稳定性分析提供计算参数，一般假设尾矿坝内渗流是在重力作用下发生的稳态渗流；二是确定尾矿库渗漏损失，以预测污染潜势，因此需要进行非稳态、瞬态或非饱和渗流分析，非饱和渗流主要是在毛细作用下发生的。

在稳态渗流假定的条件下，确定坝内地下水位（或顶面流线）可以得到稳定性分析所必需的孔隙压力分布。确定地下水位最普通的方法是流网法分析。根据 Darcy 定律和 Laplace 方程推导的基本流网原理通常适用于普通水坝，如果考虑到边界条件的差异，也可以应用到尾矿坝。

另外，也可使用有限元方法对坝体渗流状态进行分析。其基本原理为：有限元法是按照变分原理求泛函积分并找其函数值，即把微分方程及其边界条件转变为一个泛函求极值的问

题。有限元法首先把连续体或研究区域离散划分成有限个单元体。单元的角点称为结点，再以连续的分片插值函数建立一个个的单元方程后，依靠各结点把单元与单元连接起来，集合为整体，形成代数方程组，再用一定的算法在计算机上求解。将有限元法应用于尾矿坝渗流分析中，渗流区域中任一单元体积，按照质量守恒原理，在很短的时间内，进入单元体积的净流量与体积流量（在渗流场中补给源为正值，排泄流为负值）的代数和，应该等于同一时期内单元体积的质量变化。

在实际应用中，确定尾矿坝内地下水位的方法，无论是流网法还是有限元法，都是假定坝内渗流受重力梯度支配，渗流源是沉淀池。但是，在某些场合，这些假定需经严格检验。研究表明，快速沉积（大于 $5 \sim 100 \mathrm{m/a}$）的尾矿泥，渗流可能受其固结引起的梯度而不是重力流动引起的梯度控制。在这种情况下，坝内孔隙压力的分布必须根据固结理论来确定。此外，坝上游旋流筑坝通常是旋流器底渗水，而不是穿过坝的渗流水控制地下水位。为了提供可靠的计算参数，必须深入了解和考虑各种类型尾矿坝的各向异性、非均质性及边界条件的影响。

3.2.6.2　孔隙压力与超孔隙压力[9]

（1）孔隙压力效应。1920 年，Terzaghi 发现了有效应力原理，从而揭示了孔隙压力和超孔隙压力在土力学问题中的重要性。孔隙压力与超孔隙压力是两个不同的概念，前者是由于浸没或渗流引起的，对于任意已知边界条件的给定问题，可以采用流网法或数值分析方法求解；后者是由于加荷或卸荷引起的瞬态孔隙压力变化。对于大多数低渗透性土体，在孔隙水排出和迁移过程中，超孔隙压力的消散发生比较滞后。当超孔隙压力未完全消散时，有效应力或颗粒间应力增大或降低，取决于超孔隙压力的降低或增大。有效应力可以控制抗剪强度，因此超孔隙压力对于评价坝体短期（施工期）和长期的稳定性具有非常重要的作用。在软黏土基础上修建的初期坝，在基础内产生正的超孔隙压力，因此施工刚结束时孔隙压力较高，而抗剪强度和安全系数较低。随着时间的推移，孔隙压力将逐渐消散，强度和安全系数将有所提高。孔隙压力达到平衡的时间随土体渗透系数的降低而增长。

（2）基本孔隙压力问题。尾矿坝稳定性分析中可能出现三种基本的孔隙压力问题：

第一种是初始静孔隙压力。其起源于稳态渗流，它的存在与作用在坝体上的外部荷载无关。精确地确定静孔隙压力需要根据完整流网分析等势线或有限元分析的压力分布图。

第二种是初始超孔隙压力。它是由于均匀快速的荷载作用产生的。例如，快速升高的上游坝，当后期坝升高速度超过尾矿固结过程中消散孔隙压力的能力时，便可能产生。考虑建模的合理性，常假设升高增量是同时施加的，当荷载作用时，荷载增量所施加的总应力是由孔隙压力传递的。

第三种是剪切作用产生的孔隙压力。这种孔隙压力是由于剪应力迅速发生变化而引起的，通常叫做不排水加荷。

这三种不同的孔隙压力应用于稳定性分析时，可能是叠加的。初始孔隙压力可能来源于静孔隙压力以及均匀荷载产生的超孔隙压力。如果假定边坡为旋转破坏，且破坏是由于外部荷载快速变化而引起的，那么剪切作用也能产生孔隙压力，稳定分析时则需要考虑剪切作用产生的孔隙压力的叠加。

3.2.6.3　边坡稳定性分析[9]

对尾矿坝边坡进行静力稳定性分析，需要综合考虑尾矿坝的几何形态、结构设计、强度特性、地下水条件以及孔隙压力等特性。

尾矿的性态极为复杂，分析条件很少是常规的。由于尾矿坝技术起步较晚，至今并未形成自身的独立分析体系，因此目前仍沿用土力学传统的边坡稳定性分析方法进行尾矿坝边坡稳定分析。

目前，边坡稳定性分析有两种基本分析方法：一是极限平衡法，二是应力应变法。而可靠性分析方法实际上是这两种基本方法在可靠性理论基础上的延伸。极限平衡法原理简单，能够直接提供安全性的量度结果；应力应变分析方法通过数值求解，给出边坡在应力作用下的变形规律和安全性指标；可靠性分析则进一步给出坝坡安全性的概率信息。一般情况下，可首先采用极限平衡法对于初步设计剖面进行稳定分析，当初步确定坝坡最终设计剖面之后，再采用数值分析方法，以检验极限平衡分析的结果，最后采用可靠性分析方法，以明确坝坡的设计风险和工程风险。

尾矿坝稳定性分析必须相应于尾矿坝整个服务期限内不同阶段、不同荷载条件进行，即包括初期坝施工结束期、分段施工期和稳定渗流期等工况。由于坝上游边坡长期受尾矿支撑，因此一般不作稳定性评价。

普通水坝分析条件大多适用于尾矿坝，但又有区别，尾矿坝的分期界限一般不很清晰，例如施工结束时间、稳定渗流开始时间等。升高型尾矿坝的构筑在其整个服务期限内都在进行，渗流面与堆积尾矿的水平一起升高，当筑坝结束时，尾矿坝也废弃了。废弃后尾矿坝的长期稳定性问题和污染问题也非常重要，而且后期稳定性还关系到复垦问题。

3.2.6.4 尾矿坝的地震稳定性分析[10,11]

地震应力是影响尾矿坝稳定性的重要因素，其破坏力极强，历史上曾有许多起地震引起滑坡、溃坝、振动液化的灾害记载。众多尾矿坝的震害分析充分证明，在地质构造活动区，尾矿坝的稳定性不仅受静荷载条件控制，且受到地震条件下产生的动荷载影响。

尾矿坝破坏主要是在地震荷载作用下坝体内剪应力增大或强度降低而引起的。强度降低的一个重要原因是在动荷载作用期饱和土和细粒尾矿内产生过高的孔隙水压力，当高孔隙水压力使细粒尾矿或土体强度完全丧失时，即发生液化。通常液化作用后的流动滑坡与过大变形有关，但是滑动中不发生大变形未必说明没发生液化，可能只是液化面积小。必须指出，地震所造成的滑坡并非都是由液化引起的，大多数边坡破坏是由于剪应力增大引起的。预测地震期间边坡稳定性十分重要，然而却很困难。

近年来，工程界在认识边坡和土坝的动力响应特性方面取得了重大发展，对地震稳定性评价提出了许多方法，从牛顿第二定律的简单应用发展到三维有限元分析，显著地提高了分析的精度。人们在处理复杂的工程问题时，更实际地考虑了场地地质和地震、基础和坝体材料的强度与刚度的不确定性，采用"风险"来描述地震发生的可能性和坝体在此期间的状态，形成地震风险分析方法。

地震风险分析中既包括地层危险性估计，即某一指定场地或地区在一定时期内可能遭受的最大地震影响，其以地震烈度或其他地面运动参数表示；也包括地震所造成的次生灾害的破坏和损失的评价，如经济损失、生命财产损失和社会影响评价等。地震风险分析大体上有以下三个步骤：

（1）地震危险性分析（SHA）。考虑地震发生的时空随机性，以及不同震级在随机距离上地面运动预测的不确定性，根据不同震源带及每个震源带的可能地震活动性，确定尾矿库所在场地所要经受的不同水平地面振动强度的概率。

（2）地震特性分析（SPA）。考虑尾矿坝的动力响应特性和抗震能力，确定在指定地震荷载条件下尾矿坝的破坏概率。

（3）地震风险分析（SRA）。综合地震危险性分析和地震特性分析结果，分析破坏的总风险。

大多数尾矿坝是由较松散尾矿构筑的，包括水力沉积尾矿以及旋流尾矿，这些材料对强烈地震期间内部孔隙压力的升高非常敏感。在极端情况下，这些孔隙压力会引起坝体部分或全部液化，以流动型滑动造成灾难性破坏。前人根据世界范围内大量地震出现时发生液化与否的实际资料，并观察以往地震时天然沉积物在不同地震振动水平下发生液化或保持稳定的特性，在此基础上又补充了大量的实验室大型振动台试验结果，绘制出了经修正的平均贯入击数 N_1 与循环剪应力比 τ_L/σ_0' 的关系图。其中，τ_L 为现场的液化剪力，N；σ_0' 为土层上的有效上覆压力，$10t/m^2$。

平均贯入击数 N_1：需根据式（3.3）、式（3.4）将标准贯入试验击数 N 修正到上覆压力 $10t/m^2$ 时的数值，即

$$N_1 = C_N N \tag{3.3}$$

$$C_N = 1 - 1.25\log\frac{\sigma_0'}{\sigma_1'} \tag{3.4}$$

式中：σ_1' 为标准贯入击数为 N 的有效上覆压力，t/m^2。

可以使用地震引起的平均循环剪应力比（τ_{av}/σ_0'）与加速度的关系表征地震，即

$$\frac{\tau_{av}}{\sigma_0'} \approx 0.65\left(\frac{a_{max}}{g}\right)\left(\frac{\sigma_0}{\sigma_0'}\right)\gamma_d \tag{3.5}$$

式中：a_{max} 为地面最大加速度；σ_0 为所考虑砂层的总的上覆压力；σ_0' 为所考虑砂层的有效上覆压力；γ_d 为应力折减系数；τ_{av} 为地震产生的平均循环剪应力。

当已知修正后的标准贯入击数 N_1 和地震震级 M 时，可根据现场资料以及室内试验计算所得的不同震级液化评价图，再由曲线求得 τ_L/σ_0' 值；根据给定的地面最大加速度 a_{max}，并利用式（3.5）计算 τ_{av}/σ_0'，再比较两者的大小，如果 $\tau_L/\sigma_0' > \tau_{av}/\sigma_0'$，则不发生液化；反之，则液化。同时，也可根据两者的比值得出抗液化的安全系数，以体现安全储备的大小。

3.3 尾矿坝施工技术

3.3.1 初期坝施工

3.3.1.1 地基处理

（1）清基时，应将坝基范围内所有树木、树根、乱石以及腐殖土层等均应清除。如清基后不立即筑坝，建议预留保护层（一般厚 10～15cm，冬季保护层厚度应考虑冰冻影响深度），在坝体填筑前再行清除。

（2）坝基中的试坑、泉眼等，必须加以妥善处理。如遇岩石裂隙涌出泉水，或防渗墙嵌入沟内出现冒水，则由中间向两头堵，最后集中在防渗墙外预留泉水孔，待防渗墙升至一定高度后，再封堵所预留的泉孔。对于水头较大的泉眼，最好采用导流的方法将水引出坝外，也可采用水玻璃和水泥或水玻璃液和氯化钙等材料封堵泉眼。

（3）堆石坝地基应尽量开挖至基岩，但覆盖层范围较大或开挖费用过高时，可对覆盖层采用适当的加固措施。

3.3.1.2 堆石坝施工[12-14]

（1）堆石厚度及碾压遍数的控制。根据规范要求，堆石坝的孔隙率 $e \leqslant 35\%$，孔隙率的控制主要取决于堆石厚度以及振动碾压的次数。应该按照规范要求，在筑坝的初期进行堆石厚度与碾压试验，使孔隙率在满足规范要求的同时减少工程费用。

（2）坝体变形的控制措施。堆石坝的变形包括垂直沉降、水平位移和侧向位移。堆石坝的沉降量可达坝高的 $0.5\% \sim 3\%$，有时甚至达到 5%，水平方向的变形一般为垂直沉降的 $50\% \sim 70\%$。影响堆石坝沉降的主要因素有坝高、堆石及地基性质、河谷形状、施工方法等。减小坝体沉降的措施主要有以下几个方面：

1）控制堆石级配。选用良好级配的石料，砾石含量不能超过 5%。

2）加大抛石高度或进行碾压。抛石高度较大，则堆石体容易被压实。在欧洲一些国家，抛石高度较低，但采用装载石料的车辆对堆石体进行压实。另外，振动碾压也是一个有效的方法。

3）压实过程中用水枪冲击。施工中有时采用 10 个大气压的高压水枪冲击卸下的堆石料，可使石块迅速稳定，密实度提高。

4）采取结构上的措施，如预留沉降高度，在平面上坝轴线稍凸向上游，以减小堆石变形造成的影响。

（3）质量控制。尾矿堆石坝的施工，主要以水利部颁发的《土石坝施工规程》作为质量控制及检测的依据。对大坝来说，必须定位准确，边界、坡度在施工中符合设计要求，严格控制堆石体孔隙率。堆石体孔隙率的检测方法为：一般在堆石体每层上随机布点检测，不少于三处，将测点处堆石体挖起，样坑体积可根据量测确定。大坝施工结束时，按设计要求在坝上设置一批沉降观测点以及浸润线观测孔，在生产运行中，可随时测量。这些监控设施对大坝安全稳定具有十分重要的作用。

3.3.1.3 土坝施工[12-14]

（1）坝体填筑的压实程度，对黏性土、风化土、风化砂、风化砾石与砂料用干容重（γ_g）作为控制指标；对砂土，用相对紧密度（D）作为控制指标。

（2）填筑的黏性土含水量，应选用设计填筑干容重相应的含水量；设计上则应尽量考虑天然含水量大小，尽可能不对土料进行人工处理。

（3）压实后填土干容重不合格的样品数量不得超过全部检查样品的 10%，且其偏差不得超过 $0.03 \sim 0.05 \text{g/cm}^3$。

（4）坝体与坝基及岸坡的连接，应使连接面处不产生集中渗流，连接面的坡度及形式亦应妥善处理，以防不均匀沉降时坝体产生裂缝。当土坝与岸坡连接处存在渗透性大、稳定性差的坡积物时，如厚度较小，应全部清除；如厚度较大，全部清除有困难时，则应采取适当的措施进行处理。

（5）坝体土料填筑施工工艺流程为：坝基清基→监理验收→设置高程控制桩→运料→卸料→摊铺→洒水→碾压→检测→下一单元填筑。

（6）质量控制。目前，关于尾矿库土坝施工主要以《碾压式土石坝施工规范》（DL/T 5129—2013）及《尾矿设施施工及验收规范》（GB 50864—2013）作为质量控制及检测依据。对土坝来说，最重要的是坝体材料的压实度是否符合设计及规范要求，应从以下方面严格控制：

1）坝料质量检测。检测粗粒料级配，确保各种坝料符合设计要求；检测黏土料含水量，确保含水量满足设计要求。

2）压实质量检测。坝体填筑的压实质量，需经过碾压试验确认的碾压参数进行控制。每一层碾压后，按规范的取样频率要求对填料压实度、相对密度、孔隙率相应的干密度进行检测，合格后由试验室签发合格证，并经现场监理认可后，才可继续回填上升。

3.3.1.4 反滤层、排渗设施的铺筑[12-14]

（1）反滤料铺筑常用人工压实，铺筑时必须将各层铺成阶梯形。在斜面上的横向接缝，应做成坡度不小于1：2的斜坡。

（2）铺设反滤层时各层厚度的偏差不应超过下列数值：反滤层厚度为10～20cm时，其偏差不大于3cm；反滤层厚度为20～40cm时，偏差不大于5cm；反滤层厚度超过50cm时，其偏差不大于厚度的10％。

（3）在铺设排渗管和排渗带时，应严格控制坡度。

（4）排渗设施之间的堆石应分层填筑，靠近反滤层附近应用较小的石料，堆石上下层面应犬牙交错，不得留有水平接缝。相邻两段堆石的接坡应逐层错缝，不得垂直相接。露于坝体外部的排渗设施表面的石料，应砌筑平整。

3.3.2 尾矿堆积坝施工[13]

3.3.2.1 筑坝方法

尾矿水力冲积筑坝方法主要有以下五种：

（1）冲积法。此法筑坝是采用机械或人工从库内沉积滩上取砂，分层压实，堆筑子坝。子坝不宜太高，一般坝高为1～3m，然后用斜管分散放矿（小厂矿可轮流集中放矿），向子坝内充填，如图3.31[13]所示。冲积法筑坝一般可按冲积段、准备段、干燥段交替进行。该法筑坝速度快、坝体密实度高、成本较低、操作较简单。国内采用此法筑坝比较普遍，南芬、官家山等尾矿坝都采用此法筑坝。

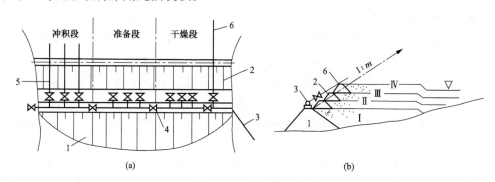

图 3.31 冲积法筑坝示意图

（a）平面图；（b）断面图

1—初期坝；2—子坝；3—矿浆管；4—闸阀；5—放矿支管；6—集中放矿管

Ⅰ～Ⅳ—尾矿冲积顺序

（2）池填法。池填法筑坝平面图如图3.32所示[13]，池填法筑坝断面图如图3.33所示[13]。该方法由尾矿量决定一次筑坝长度，根据上升速度和调洪要求确定子坝高度，内外坡坡度应根据渗流及稳定计算要求确定。筑坝步骤如下：

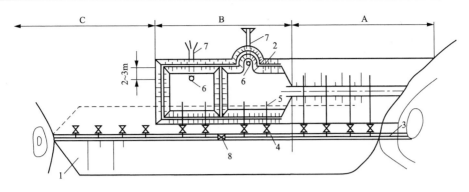

图 3.32　池填法筑坝平面图

A—干燥段；B—筑坝段；C—准备段

1—初期坝；2—围埝；3—矿浆管；4—阀门；5—放矿支管；6、7—溢流口及溢流管；8—闸阀

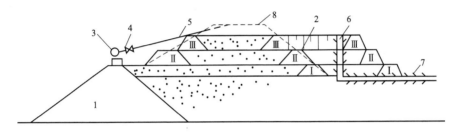

图 3.33　池填法筑坝断面图

1—初期坝；2—围埝；3—矿浆管；4—阀门；5—放矿支管；6、7—溢流口及溢流管；8—子坝轮廓

Ⅰ～Ⅲ—围埝填筑顺序

1）用人工或机械在一次筑坝区段上分几个方形小池（也称围埝），围埝长 30～50m，高 0.5～1.0m，顶宽 0.5～0.8m，边坡坡比为 1∶1 左右。

2）安设溢流管。溢流口可设在子坝中心（双向充填时）或靠近里侧围埝 2～3m 处设置（单向充填时），溢流管顶口低于埝顶 0.1～0.2m。

3）采用分散放矿向池内充填，粗粒于池内沉积，细粒随水一起由溢流管排往库内。当充填至埝顶时，停止放矿，干燥一段时间，再筑围埝。重复上述作业，直至达到要求的子坝高度。

4）该方法放矿形成的子坝外形为阶梯状，必须用人工修齐外坡，并填实溢流口。此法在筑坝期间细粒矿泥容易沉积在子坝前，对坝体稳定不利，但其操作简单、成本低。采用此法筑坝的有弓长岭、齐大山等尾矿坝工程。

（3）渠槽法。渠槽法是在尾矿冲积坝体上平行于坝轴线用尾矿堆筑两道高 0.5～1.0m 的小堤，形成渠槽；根据矿浆量、放矿方法和子坝的断面尺寸可选择单渠槽、双渠槽、多渠槽等。它由一端分散放矿（尾矿量小也可集中放矿），粗砂沉积于槽内，细泥由渠槽另一端随水排入尾矿库内。当冲积至小堤顶时，停止放矿，使其干燥一段时间，再重新筑两边小堤，放矿、冲积直至达到要求的断面。该方法成本低、操作简单，但槽内沉积的尾矿一端粗、一端细，导致尾矿分布不均匀且密实度较差。天宝山、老厂背阴山冲等尾矿库均采用此法进行筑坝。

单渠槽法筑坝如图 3.34 所示[13]。

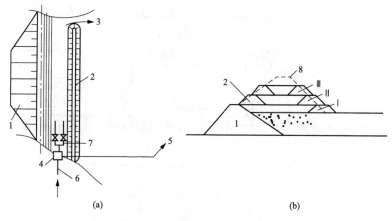

图 3.34 单渠槽法筑坝示意图

(a) 平面图；(b) 断面图

1—初期坝；2—小堤；3—溢流口；4—分级设备；5—放矿管；6 矿浆管；7—粗砂放矿管；8—子坝轮廓

（4）尾矿分级上游法。对于细颗粒尾矿，为了提高坝体颗粒度，常采用此种方法。我国五龙、通化等尾矿库均已采用。五龙尾矿粒度细，$d_p=0.032mm$，粒径在 0.074mm 左右的矿粒占 91.6%，采用水力旋流器分级的上游法筑坝，每年上升 0.6～0.7m，坝高现已达 27m。图 3.35 为五龙尾矿库筑坝示意图[13]。

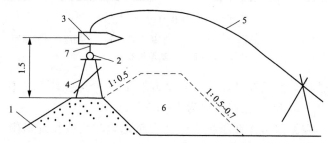

图 3.35 五龙尾矿库筑坝断面图

1—前期子坝；2—输送管；3—水力旋流器；4—支架；5—溢流管；6—新筑子坝；7—支管

（5）尾矿分级下游法。用旋流器或其他分级设备将尾矿分级，高浓度粗砂用于下游筑坝，溢流部分可形成冲积滩和充填尾矿库。例如，加拿大的勃伦达坝筑坝如图 3.36 所示[13]。

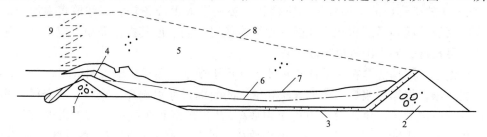

图 3.36 加拿大勃伦达坝筑坝断面图

1—上游主坝；2—下游主坝；3—排渗层；4—子坝（1970～1971）；5—旋流尾砂；6—1970 年 10 月砂面；

7—1972 年 8 月砂面；8—终期坝面线；9—矿泥

3.3.2.2 筑坝方法的选择

尾矿水力冲积筑坝方法的选择，应主要根据尾矿排出量大小、尾矿粒度组成、矿浆浓度、坝长、坝高、年上升速度以及当地气候条件（冰冻期及汛期）等因素决定。各种筑坝方法的适用范围见表 3.9[13]。

表 3.9 各种筑坝方法的适用范围

筑坝方法	特点	适用范围
冲积法	操作简单简便，便于用机械筑子坝	中、粗颗粒的尾矿堆坝
池填法	人工筑围堤的工作量大，上升速度快	尾矿粒度细，坝较长，上升速度快且要求有较大调洪库容的情况
渠槽法	人工筑小堤工作量大，渠槽末端易沉积细粒，影响边棱体强度	坝体短，尾矿粒度细
尾矿分级上游法	可提高粗粒尾矿上坝率，增强堆坝边棱体的稳定性	细粒尾矿筑坝
尾矿分级下游法	坝型合理，较上游法安全可靠	费用高，目前经验少

3.4 尾矿坝的运行管理

3.4.1 尾矿坝观测[15]

尾矿坝投入运行后，将受到自然因素和人为因素的影响。尾矿坝的工作状况在不断地变化。为了及时掌握其变化情况，取得第一手资料，更合理地使用、管理好尾矿坝，使隐患得到及时处理，防止发生事故，必须重视尾矿坝的观测工作。

尾矿坝观测的一部分工作内容可用肉眼进行，如观察坝坡有无明显变形、塌坑、沼泽化、渗水、裂缝及蚁穴鼠洞等。对于重要的尾矿坝，则必须借助仪器设备进行更精细的观测。

3.4.1.1 坝体水平位移观测

（1）视准线法。此法适用于坝轴线为直线的坝的观测，是目前观测尾矿坝位移的一种常用方法。在坝端两岸山坡上设置工作基点 A 和 B。将经纬仪安置在 A（或 B）点上，后视 B（或 A）构成视准线，以此作为坝体水平位移观测的基准线。沿视准线在坝体上每隔适当距离埋设水平位移观测标点，如 a、b、c 等，测出并记录各观测标点中心偏离视准线的距离作为初测成果。当坝体发生水平位移后，各观测标点与视准线的相对位置发生变化。测出标点中心新的偏离距离，与初测成果相比较即可得出坝体的水平位移量。

观测标点设于坝体表层，选择有代表性的且能控制主要变形情况的断面，如最大坝高断面、合拢段、有排水管通过的断面以及地基地质变化较大的地段布置观测横断面。一般在坝顶布设 1 排，在下游坡面布设 2～3 排，每排测点间距为 50～100m，如图 3.37 所示[15]。

工作基点应设在每排观测标点延长线两端的山坡上，要求地基坚固，并尽可能远离坝的承压区和易受震动的地方。如必须设在土基上，应设置较深而坚固的基础。为了校测工作基点，可在视准线两端延长线上备设一校核基点，也可在每个工作基点附近设两个校核基点，使两校核基点与工作基点的连线大致垂直。用钢尺量测其间的距离来检测工作基点是否发生变位。

（2）前方交会法：

对于坝轴线为折线或曲线的坝体，可采用前方交合法和视准线法配合进行测量，即利用两三个已知坐标的工作基点来交会所观测的某点，由交会角算出某点的位置。该方法计算工作比较复杂。

对于长度超过 600m 的土坝，可在坝中间加设一个或几个非固定工作基点，用交会法测定其位置,再根据固定工作基点和非固定工作基点,用视准线法观测各标点的位移量。

对于折线型坝,可在折点处增设非固定工作基点,如图 3.38 所示[15]。

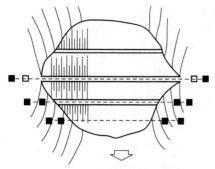

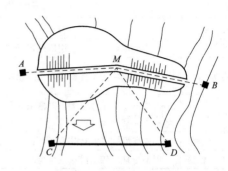

图 3.37　水平位移观测标点布置示意图　　　图 3.38　用前方交会法测定折线型坝的水平位移

前方交会法所用工作基点、观测标点和校核基点的结构与视准线法相同。工作基点的布置影响观测成果的可靠性,因此其高程应选在与交会点高程相差不大的地点,以免视线倾角过大;两工作基点到交会点的夹角力求接近 90°(条件限制时也不得小于 60°或大于 105°),两交会线的长度相差不能悬殊,以减少误差。

3.4.1.2　坝体沉降观测

坝体沉降用水准测量方法进行观测。在两岸不受坝体变形影响的部位设置水准基点或起测基点,在坝体表面布设垂直位移标点,定期进行水准测量测定坝面垂直位移标点的高程变化。

用水准测量法观测坝的沉降,一股采用三级点位(水准基点、起测基点和位移标点)以及两级控制(由水准基点校测起测基点,由起测基点观测垂直位移标点)。如果坝体较小,也可由水准基点直接观测。

有的堆石坝垂直位移量很小,要求精度较高,用连通管法进行观测效果较好。

垂直位移观测应与水平位移观测配合进行,统一分析。因此,二者应布设在同一个测点上。

土石坝的位移观测方法除上述几种外,测斜仪和沉陷仪也逐步得到推广应用。如铜陵有色金属公司狮子山矿区杨山冲尾矿坝采用 CX-56 型高精度钻孔测斜仪及 CFC-40 型分层沉陷仪分别监测坝体的水平位移和垂直位移,性能稳定,测值可靠,但一次性投资较大,且易受外界干扰。因此,观测仪器应根据尾矿坝的实际情况酌情选用。

土石坝的位移观测,初期每月进行一次,当坝的变形趋于稳定时,可逐步减少为每季一次。但遇下列情况时,应适当增加测次:

(1) 地震以后或久雨、暴雨之后。

(2) 变形量显著增大时。

(3) 渗水情况显著增大时。

(4) 库水位超过最高水位时。

(5) 在坝体上进行较大规模的施工之后。

3.4.1.3　坝体浸润线观测

尾矿库建成放矿后,由于水头的作用,坝体内必然产生渗流现象。坝体设计中,常先根据坝体断面尺寸、上下游水位以及坝料的物理力学性质指标,计算确定出浸润线的位置,然后再进行坝坡稳定分析计算。由于设计采用的各项指标与实际情况不可能完全相符，施工的质量也有差异，因此坝体实际运用时的浸润线位置往往与设计的有所不同。如果实际浸润线的位置比设计的高，坝坡的稳定性就低，甚至可能发生滑坡失稳的事故。因此，浸润线观测对掌握坝体浸润线的位置和变化情况，判断坝体在运行期间是否安全稳定有重要的作用。

坝体浸润线观测最常用的方法是选择有代表性且能够控制主要渗流情况的坝体横断面，以及预计有可能出现异常渗流的横断面作为浸润线观测断面，埋设适当数量的测压管，通过测量测压管中的水位来获得浸润线的位置。

浸润线观测断面对于一般大型和重要的中型库，应不少于三个；对于一般中小型库，应不少于两个。每个横断面内的测点位置和数量，应以能反映出浸润线的几何形状，并能充分描述出坝体各部分（防掺体、排水体、反滤层等）在渗流下的工作状况为原则进行布置。对于初期坝为不透水的尾矿坝，建议在堆积坝坝顶、初期坝上游坡底、上游坝肩、下游滤水体处各布置一根测压管，其他中间每 20~40m 插入一根，深度达预计浸润线以下 10m。对于初期坝为透水的尾矿坝，除初期坝内不设测压管外，其余按不透水坝的要求设置测压管。

3.4.1.4　坝基扬压力观测

坝基扬压力通过在坝基埋设测压管进行观测。测压管一般应在强透水层中布置（但在靠近下游坝趾及出口附近的相对弱透水层中也应适当布置部分测点），在防渗和排水设施的上下游也要布置测点，以了解扬压力的变化。为获得坝趾出逸坡降及承压水的作用情况，需在坝的下游一定范围内布置若干测点。在已经发生渗流变形的地方，应在其周围临时增设测压管进行观测。当采取工程措施处理后，应有计划地保留一部分测压管观测处理前后扬压力的变化，以评价处理措施的效果。

测点应沿渗流方向布置。如坝基为比较均匀的砂砾石层，没有明显的分层情况，一般垂直坝轴线布置 2~3 排，每排 3~5 个测点，具体位置根据坝型而定。

坝基扬压力观测通常与浸润线观测同时进行，建议在洪水期、库内水位每上涨 1m，下降 0.5m 增测一次，以掌握渗水压力随库水位变化的关系。

3.4.1.5　绕坝渗流观测

尾矿库投入运行后，渗流绕过两岸坝肩从下游坡流出称为绕坝渗流。坝体与混凝土或砌石等建筑物连接的接触面处也有绕坝渗流发生。一般情况下，绕坝渗流是一种正常现象，但如坝体与岸坡连接不好，或岸坡过短，产生裂缝，或岸坡中有强透水层，就有可能发生集中渗流，造成渗透变形，影响坝体安全。因此，需要进行绕坝渗流观测，以了解坝肩与岸坡、混凝土或砌石建筑物接触处的渗流变化情况，判断这些部位的防渗与排水的效果。

绕坝渗流一般也是埋设测压管进行观测。测压管在渗流有可能比较集中的透水层中沿渗流线布置 1~2 排，每排至少 3 个。

3.4.1.6　渗流水质监测

水质监测主要是测定渗流水中的固体和化学成分的变化。坝体或坝基渗出的水清澈透明，一般是正常现象；如带有泥沙颗粒或含有某种可溶盐成分及其他化学成分，则反映坝体或坝基土中有一部分细颗粒被渗流水带出，或土料被溶滤。这些现象往往是管涌、内部冲刷或化学管涌等渗流破坏的先兆。在分析渗流水水质时，应考虑尾矿水中残留重金属离子及选矿药剂的影响，以免造成假象误认为化学管涌。

水质监测的项目及内容按环保部门的有关规定执行。

3.4.2　尾矿坝的维护[7,8]

尾矿坝多远离矿区，易受多种不利因素的影响，其管理工作较为复杂，且难度较大，必须予以特别关注。

在尾矿坝的维护管理中，首先要严格按设计要求及有关的技术规程、规范的规定进行管理，确保尾矿坝安全运行所必需的尾矿沉积滩长度、坝体安全超高，控制好浸润线，根据各种不同类型尾矿坝的特点做好维护工作，防止环境因素的危害，及时处理好坝体出现的隐患，使尾矿坝在正常状态下运行。

3.4.2.1　尾矿坝裂缝的处理[7]

裂缝是尾矿坝较为常见的病患，多出现在土坝上。某些细小的横向裂缝有可能发展成为坝体的集中渗漏通道，有的纵向裂缝也可能是坝体发生滑坡的预兆，应予以充分重视。

裂缝主要是由于坝基承载能力不均衡、坝体施工质量差、坝身结构及断面尺寸设计不当或其他因素等所引起。

裂缝的种类很多，如果不了解裂缝的性质，就不能正确地处理，特别是滑动性裂缝和非滑动性裂缝，一定要认真予以辨别。滑动性裂缝段接近平行坝轴线，缝两端逐渐向坝脚延伸，缝较长，多出现在坝顶、坝肩、背水坡、坝坡及排水不畅的坝坡下部。在地震情况下，迎水坡也可能出现，这种裂缝形成过程短，缝口有明显错动，下部土体移动，有离开坝体的倾向。

发现裂缝后都应采取临时防护措施，以防止雨水或冰冻加剧裂缝的发展。对于滑动性裂缝的处理，应结合坝坡稳定性分析统一考虑。对于非滑动性裂缝，可采取以下措施进行处理：

（1）开挖回填。这是处理裂缝比较彻底的方法，适用于不太深的表层裂缝及防渗部位的裂缝。

（2）对坝内很深的裂缝，由于开挖回填处理工程量过大，可采取灌浆处理。灌浆的浆液，通常为黏土泥浆；在浸润线以下部位可掺入一部分水泥，制成黏土水泥浆，以促其硬化。

（3）对于中等深度的裂缝，因库水位较高不宜全部采用开挖回填处理的部位或开挖困难的部位，可采用开挖回填与灌浆相结合的方法进行处理。裂缝的上部采用开挖回填法，下部采用灌浆法处理。

3.4.2.2　尾矿坝渗漏的处理

由于设计考虑不周、施工不当以及后期管理不善等原因会产生非正常渗流，导致渗流出口处坝体产生流土、冲刷及管涌等多种形式的破坏，严重的可导致溃坝事故，因此，对尾矿坝的渗流必须认真对待，根据情况及时采取措施。

渗漏处理的原则是"内截、外排"。"内截"就是在坝上游封堵渗漏入口，截断渗漏途径。"外排"就是在坝下游采用导渗和滤水措施，使渗水在不带走土颗粒的前提下，迅速安全地排出，以达到渗透稳定。

除少数库后放矿的尾矿库（坝前为水区）可考虑采用在渗漏坝段的上游抛土作铺盖等方式进行"内截"外，一般的尾矿库主要采用坝前放矿，在坝前迅速地形成一定长度的干滩，起到防渗作用。若某坝段上无干滩或干滩单薄，则应在此处加强放矿。"外排"常用的方法有反滤、导渗、压渗等。

3.4.2.3　尾矿坝滑坡的处理

尾矿坝滑坡往往会导致尾矿库溃坝事故，因此即使是较小的滑坡也不能掉以轻心。有些滑坡是突然发生的，有些是先由裂缝开始的，如不及时处理，任其逐步扩大和蔓延，就可能造成重大的溃坝事故。1962 年的火谷都尾矿库事故，就是从裂缝、滑坡而导致溃坝的。

滑坡的种类按滑坡的性质可分为剪切性滑坡、塑流性滑坡和液化性滑坡，按滑面的形状可分为圆弧滑坡、折线滑坡和混合滑坡。

滑坡抢护的基本原则是：上部减载，下部压重，即在主裂缝部位进行削坡，而在坝脚部位进行压坡。尽可能降低库水位，沿滑动体和附近的坡面上开沟导渗，使渗透水能够很快排出。若滑动裂缝达到坝脚，应首先采取压重固脚的措施。因土坝渗漏而引起的背水坡滑坡，应同时在迎水坡进行抛土防渗。

3.4.2.4　尾矿坝管涌的处理

管涌是尾矿坝坝基在较大渗透压力作用下而产生的险情，可采用降低内外水头差、减少渗透压力或用滤料导渗等措施进行处理。具体措施有修筑滤水围井和反滤层压盖。

3.4.3　尾矿坝的闭库

闭库，不能简单地理解为矿尾库已经停用，而是代表一个过程，表明一座停用的尾矿库能达到长期安全稳定的要求而进行一系列工作的全过程。但凡是长期停用的尾矿库都应进行闭库：

（1）尾矿库已达到设计最终堆积高程并不再继续加高扩容的。

（2）尾矿库尚未达到设计最终堆积高程，但由于各种原因提前停止使用的。闭库设计方案应包括以下内容：

1）根据现行设计规范规定的洪水设防标准，对洪水进行重新核定；

2）对现存的排洪系统及其构筑物进行泄流能力与强度的复核；

3）对现存坝体的稳定性作出评价，包括静力稳定、动力稳定、渗流稳定；

4）对库区及其周围的环境状况进行彻底调查并记录，尤其是水、尾尘污染；

5）确保闭库后安全的治理方案。

尾矿库闭库必须根据闭库设计要求进行工程处理，竣工后经验收才可闭库。

3.4.4　尾矿坝的环保

尾矿对自然生态环境的影响，具体体现在以下几点：

（1）尾矿在选矿过程中经受了破磨，体重减小，表面积较大，堆存时易流动和塌漏，造成植被破坏和伤人事故，尤其是在雨季极易引起塌陷和滑坡。

（2）尾矿成分及残留选矿药剂对生态环境的破坏严重，尤其是含重金属的尾矿，其中的硫化物产生酸性水进一步淋浸重金属，其流失将对整个生态环境造成危害。

大量尾矿已成为制约矿业持续发展，危及矿区和周边生态环境的重要因素。纵观发展矿业所遇到的严峻挑战，在矿石日趋贫化、资源日渐枯竭、环保意识日益增强的今天，矿业发展的根本出路在于二次资源的开发利用，尾矿综合利用是矿业持续发展的必然选择。

〔※〕　思 考 题

1. 尾矿、尾矿坝、沉积滩、有效库容、总库容的概念。

2. 与以蓄水为目的的水库及其大坝相比，尾矿库和尾矿坝具有哪些特殊性？

3. 尾矿坝坝址选择的基本原则。

4. 尾矿坝的排水设施。

5. 均质土坝反滤层设计要求。

6. 尾矿坝观测包括哪几个方面？

7. 尾矿坝渗漏处理的原则与方法。

8. 尾矿坝裂缝的处理方法。

习 题

某选矿厂拟在一峡谷型沟道中建一座上游式尾矿库，尾矿坝总高度为 25m。其中，初期坝坝高为 9m，坝型拟采用透水堆石坝，坝基为基岩。要求：

（1）试进行初期坝坝体断面设计（包括坝顶宽度、坝坡坡度、坝基开挖深度等坝体特征尺寸的选择，筑坝石料的选择，反滤层及排水体的构造设计等）；

（2）初步拟定后期堆积坝的断面轮廓尺寸；

（3）绘制尾矿坝总体断面示意图。

参 考 文 献

[1]　全国安全生产教育培训教材编审委员会. 金属、非金属矿山班组长安全管理读本·尾矿库 [M]. 北京：煤炭工业出版社，2014.

[2]　金有生. 尾矿库建设、生产运行、闭库与再利用、安全检查与评价、病案治理及安全监督管理实务全书（第一册）[M]. 北京：中国煤炭出版社，2005.

[3]　中华人民共和国住房和城乡建设部. 尾矿设施设计规范：GB 50863—2013 [S]. 北京：中国计划出版社，2013.

[4]　沃廷枢，汪贻水，肖垂斌，等. 尾矿库手册 [M]. 北京：冶金工业出版社，2013.

[5]　田文旗，薛剑光. 尾矿库安全技术与管理 [M]. 北京：煤炭工业出版社，2006.

[6]　郭天勇，段蔚平. 中线法尾矿筑坝应用问题研究 [J]. 现代矿业，2014（548）：43-45.

[7]　周汉民. 尾矿库建设与安全管理技术 [M]. 北京：化学工业出版社，2012.

[8]　印万忠，李丽匣. 尾矿的综合利用与尾矿库的管理 [M]. 北京：冶金工业出版社，2009.

[9]　尹光志，魏作安，许江. 细粒尾矿及其堆坝稳定性分析 [M]. 重庆：重庆大学出版社，2004.

[10]　何淼，刘恩龙，刘友能. 地震动荷载作用下尾矿坝动力分析 [J]. 四川大学学报（工程科学版），2016，（A1）.

[11]　安君，刘小生，马怀发，等. 尾矿坝地震稳定性分析方法比较初探 [C]. 西安：第四届全国水工抗震防灾学术交流会论文集. 2013：475-478.

[12]　中华人民共和国住房和城乡建设部. 碾压式土石坝施工规范：DL/T 5129—2013 [S]. 北京：中国电力出版社，2013.

[13]　陈振宁. 尾矿坝筑坝流程安全管理研究 [D]. 长春：吉林大学，2015.

[14]　中华人民共和国住房和城乡建设部. 尾矿设施施工及验收规范：GB 50864—2013 [S]. 北京：中国计划出版社，2013.

[15]　国家安全生产监督管理总局. 尾矿库安全监测技术规范：AQ 2030—2010 [S]. 北京：中国计划出版社，2010.

第4章 淤 地 坝

4.1 概 述

淤地坝是指在沟道中修建的具有滞洪、拦泥、淤地功能的水土保持建筑物，与淤地坝相配套的建筑物通常还有放水建筑物和溢洪道等。淤地坝发展至今已有约 400 多年的历史[1]。淤地坝运行有单坝运行和坝系运行两种方式。在坝系运行方式中，对滞洪、拦泥、淤地具有控制性作用的淤地坝又称骨干坝。淤地坝一般为均质土坝，采用碾压或水坠等方法施工。

4.1.1 淤地坝的发展[1-5]

淤地坝诞生历史悠久，是现代坝工建设领域取得的一项具有重大意义的技术成就。实践证明，淤地坝在拦泥淤地、防洪减蚀、改变农业生产条件、促进土地利用结构调整、控制入河泥沙等方面发挥着重要作用。

淤地坝的发展历史大致可分为三个阶段：早期人工修筑阶段（1569～1949 年）、试建阶段（1949～1985 年）、兴建治沟骨干工程阶段（1986 年至今）。

最早的淤地坝不是人工修筑，而是地震和地下水等作用，造成沟坡发生大体积的滑坡或塌坑，堵塞河道，形成天然坝库。明代隆庆三年（公元 1569 年），陕西省子洲县境内的黄土洼因沟壑两岸山体发生大规模滑坡堵塞河道，形成天然聚湫，聚水拦泥，后经过人工修整，形成高为 62m、集水面积为 2.72km^2 的淤地坝，见图 4.1[1]。它长期拦蓄洪水泥沙，淤地 53hm^2，坝地土地肥沃，连年丰收。人工修筑淤地坝的记载最早见于明代万历年间（公元 1573～1619 年）的山西省《汾西县志》，距今已有 400 多年。早在清代嘉庆之前（公元 1796 年），淤地坝开始引起官方的重视，并由山西省西部地区向周边地区及陕西省北部区域推广。1945 年，黄河水利委员会批准关中水土保持试验区在西安市荆峪沟流域修建淤地坝一座，是黄河水利委员会在黄土高原修建的第一座淤地坝。

图 4.1 陕西省子洲县境内天然形成最早的淤地坝

从 1949 年开始在陕西省米脂县试修淤地坝。1952 年绥德水保站成立以后，以绥德、米脂、佳县、吴堡四县为重点试建区，积极宣传推广修建淤地坝，两年内修建淤地坝 214 座，一般坝高 5～10m。1953～1957 年在山西、陕西、内蒙古得到了大面积推广，筑坝技术也得到了普及。仅榆林地区先后修建淤地坝 9210 座,其中库容百万立方米以上 29 座,并举办淤地坝技术培训班,边试建边示范。西峰水保站也重点开展了塬面治理和沟壑治理的试办和推广,修建了南小河沟十八亩台淤地坝。

陕西省榆林、延安地区 1973~1975 年新增坝地 1.173 万 hm²。2000~2006 年,在山西省水土流失最严重的 43 个县区建设 7803 座淤地坝,使这些地区的人均沟坝地达到 0.3 亩(1 亩≈666.6m²),在沟道条件好的地方达到 0.5 亩。内蒙古自治区黄甫川流域,20 世纪 70 年代所修淤地坝占淤地坝总数的 61.7%。此外,延安市碾庄沟,经多年努力,共兴建淤地坝 192 座,淤地 2326 亩。可以说,碾庄沟在全面建设小康社会的道路上迈出了坚实的一步。宁夏西吉的黄家川水库,上游已建成淤地坝 17 座,与主体水库形成了黄家川水土保持的完整体系,已淤成坝地 3600 多亩,对保护和提高当地粮食生产能力发挥了举足轻重的作用[1]。

1986 年以后,在认真总结筑坝经验教训的基础上,为提高防洪标准,经国家计委立项批准,在黄河中游地区进行了治沟骨干坝专项工程建设。2000 年以后随着淤地坝工程的大量建设,已逐渐形成坝系。主要遵循"小多成群,骨干控制,上拦下保,综合利用",实现其拦泥、淤地、防洪、保收等综合效益。

据 2010 年黄河流域水土保持公报统计,截至 2008 年年底,黄土高原地区已建成淤地坝 91093 座,其中骨干坝和大型淤地坝 5509 座、中型淤地坝 11234 座、小型淤地坝 74350 座;按区域分,多砂区占总数的 93.4%,多砂粗砂区占总数的 75.1%。截至 2008 年年底,黄河流域分省(区)淤地坝建设情况详见表 4.1[1]。

表 4.1　　　　　　　黄河流域分省(区)淤地坝建设情况(截至 2008 年年底)

省(区)	淤地坝(座)			
	小计	骨干坝	中型坝	小型坝
青海	574	154	97	323
甘肃	1465	508	372	585
宁夏	1117	347	324	446
内蒙古	2376	735	517	1124
陕西	38951	2555	9045	27351
山西	44575	1032	590	42953
河南	2035	178	289	1568
合计	91093	5509	11234	74350

4.1.2　淤地坝的作用

淤地坝属水土保持沟道治理工程,是黄土高原水土保持生态建设的关键性措施之一,其作用主要有[1-5,17]:

(1)拦泥保土,防洪减灾。拦蓄坡面下泄的洪水泥沙,削减洪峰,调节洪水径流,提高沟道工程防洪标准,减少洪水灾害,保持下游农田、城镇、村庄、道路、工矿和群众的生命财产安全。

(2)稳定岸坡,防止侵蚀。抬高侵蚀基点,固定河床,减少沟道比降,制止沟底下切;防止沟岸坍塌,稳定沟坡,防止和减缓沟道扩张与沟头前进。经过坝库调节之后的下泄洪水冲蚀强度减小，降低了对下游沟道的侵蚀能力。

（3）淤地造田，改善农业生产条件。通过拦泥淤地，增加基本农田面积，发展农业生产，提高农民群众生活水平。坝路结合，使山区的道路交通更为便利，改善了当地群众的生产生活条件。

（4）滞洪蓄水，合理利用水资源。沟道坝系的形成可以抬高地下水位，增加沟道长流水。一些淤地坝前期利用库容蓄水进行灌溉和发展养殖业，解决人畜饮水困难，使黄土高原地区有限的水资源得到充分利用。

（5）促进土地利用结构调整。淤地坝建设所新增的坝地、水地是解决或部分解决人畜口粮的重要途径，是大面积植被得以恢复的可靠保证。通过土地利用结构和产业结构调整，促进陡坡退耕还林还草，并能确保退得下、留得住、不反弹，改善当地生态环境，实现社会经济的可持续发展。

4.2　淤地坝工程设计

工程设计的依据是相应的设计规范。关于淤地坝，我国水利行业现行的设计规范为《水土保持治沟骨干工程技术规范》（SL 289—2003）[6]。本节将主要依据《水土保持治沟骨干工程技术规范》，进行相关内容的介绍。

4.2.1　枢纽布置设计[6,7]

以淤地坝为主体的水利水电枢纽与一般土石坝枢纽类似，主体建筑物包括大坝、放水建筑物、溢洪道等。枢纽布置设计就是优化选择这些建筑物的位置，在适应当地地形、地质、水文、水工、施工等具体条件的情况下，达到既安全又经济的目的。

（1）淤地坝坝址选择应符合以下要求：

1）坝轴线短、工程量小，且宜采用直线；

2）应有宜于布设放水建筑物和溢洪道的地形、地质条件，坝基宜选择岩基或黏土基础；

3）坝址附近应有较充足的筑坝土石料等建筑材料；

4）坝址应避开较大弯道、跌水、泉眼、断层、滑坡体、洞穴等，坝肩不得有冲沟。

（2）放水建筑物布设应符合以下要求：

1）卧管布设应综合考虑坝址地形条件、运行管护方式和坝体加高要求等因素，选择岸坡稳定、开挖量少的位置；

2）涵洞轴线布设应尽量与坝轴线垂直，进口处应设消力池或消力井与卧管连接，涵洞的进口、出口均应伸出坝体以外，涵洞出口水流应采取妥善的消能措施，使消能后的水流与尾水渠或下游沟道衔接；

3）涵洞宜全部布设在岩基或均匀坚实的原状土基上。

（3）溢洪道布设应尽量利用开挖量少的有利地形，进口、出口附近的坝坡和岸坡应有可靠的防护措施和足够的稳定性，出口应采取妥善的消能措施，并使消能后的水流离开坝脚一定距离。

崔家河淤地坝的枢纽布置如图 4.2 所示[4]。

十八亩台淤地坝的枢纽布置如图 4.3 所示[8]。

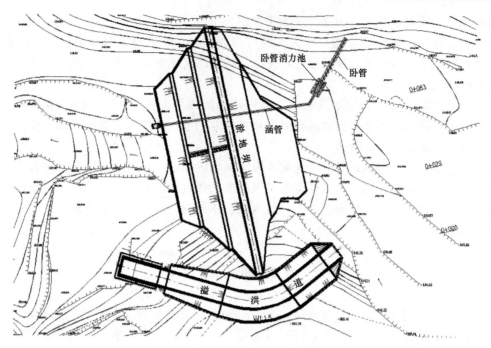

图 4.2　崔家河淤地干坝枢纽布置示意图

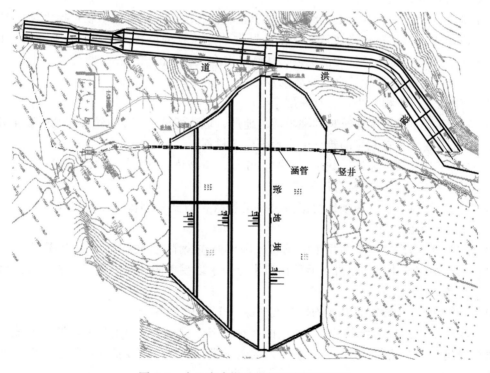

图 4.3　十八亩台淤地坝枢纽布置示意图

4.2.2　淤地坝的等别划分及设计标准

淤地坝的等别划分及设计标准应按表 4.2 确定。

表 4.2		淤地坝的等别划分及设计标准	
总库容（万 m³）		100～500	50～100
工程等别		四	五
建筑物等级	主要建筑物	4	5
	次要建筑物	5	5
洪水重现期（年）	设计	30～50	20～30
	校核	300～500	200～300
设计淤积年限（年）		20～30	10～20

4.2.3　筑坝材料及填筑标准[6]

对筑坝土石料的一般要求是：

（1）具有与使用目的相适应的工程性质，例如，坝壳料需有较高的强度，防渗料应具有足够的防渗性能。

（2）土石料的工程性质在长期内保持稳定。

（3）具有良好的压实性能，例如，填土压实后有较高的承载力，无影响压实的超径材料。

4.2.3.1　水坠坝土料选择与填筑标准

修建水坠坝的土料（黄土、类黄土）应符合表 4.3 的规定；边埂应采用分层碾压施工，设计干密度不应低于 1.5t/m³。充填泥浆的起始含水量应按照 40%～50%控制，相应稳定含水量应控制在 20%～24%，设计干密度不应低于 1.5t/m³。

表 4.3			填 筑 土 料 指 标			
项目	颗粒含量（%）	塑性指数	崩解速度（min）	渗透系数（cm/s）	有机质含量（%）	水溶盐含量（%）
指标	3～20	<10	<10	>1×10⁻⁶	<3	<8

4.2.3.2　碾压坝土料选择与填筑标准

一般黄土、类黄土均可作为碾压筑坝土料，其有机质含量不应超过 2%，水溶盐含量不应超过 5%。坝体干密度应按最优含水量控制，不得低于 1.55t/m³。

4.2.4　坝体断面设计[6]

4.2.4.1　坝高确定

依据《水土保持治沟骨干工程技术规范》的规定，坝高按照式（4.1）确定，即

$$H = H_L + H_Z + \Delta H \tag{4.1}$$

式中：H 为坝高，m；H_L 为拦泥坝高，m；H_Z 为滞洪坝高，m；ΔH 为安全超高，m。拦泥坝高由拦泥库容查水位—库容曲线确定；滞洪坝高由调洪演算确定。

拦泥坝高 H_L 和滞洪坝高 H_Z 由相应的库容查水位—库容曲线确定。相应的库容按下式计算

$$V = V_L + V_Z \tag{4.2}$$

$$V_L = \frac{\overline{W_{sb}}(1-\eta_s)N}{\rho_d} \tag{4.3}$$

式中：V 为总库容，$10^4 m^3$；V_L 为拦泥库容，$10^4 m^3$；V_Z 为滞洪库容，$10^4 m^3$；$\overline{W_{sb}}$ 为多年平均总输沙量，$10^4 t/a$；η_s 为坝库排沙比，可采用当地经验值；N 为设计淤积年限，a；ρ_d 为淤积泥沙干密度，可取 1.3～1.35t/m³。

安全超高 ΔH 按表 4.4 的规定确定。

表 4.4   **土坝安全超高 ΔH**   m

坝高	10～20	＞20
安全超高	1.0～1.5	1.5～2.0

4.2.4.2 坝顶宽度确定

水坠坝坝顶最小宽度，当坝高在 30m 以上时应取 5m，坝高在 30m 以下时应取 4m。碾压坝坝顶宽度应按表 4.5 的规定确定[6]。

表 4.5   **碾压坝坝顶宽度**   m

坝高	10～20	20～30	30～40
坝顶宽度	3	3～4	4～5

4.2.4.3 坝坡坡度确定

坝高超过 15m 时，应在下游坡每隔 10m 高差设置一条马道。马道宽度应取 1.0～1.5m。坝坡坡度按照表 4.6 的规定确定[6]。

表 4.6   **坝　坡　坡　度**

坝型	土料或部位	坝高（m）		
		10～20	20～30	30～40
水坠坝	砂壤土	2.00～2.25	2.25～2.50	2.50～2.75
	轻粉质壤土	2.25～2.50	2.50～2.75	2.75～3.00
	中粉质壤土	2.50～2.75	2.75～3.00	3.00～3.25
碾压坝	上游坝坡	1.50～2.00	2.00～2.50	2.50～3.00
	下游坝坡	1.25～1.50	1.50～2.00	2.00～2.50

4.2.5 坝体排水设计[6]

坝体应根据工程规模和运用情况设置排水体，其形式可结合工程具体条件选定。一般采用下列形式，见图 4.4[6,7]。

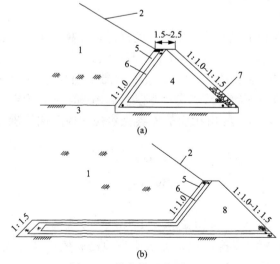

图 4.4　排水体示意图（一）

（a）棱式排水体；（b）等水平砂沟的棱式排水体

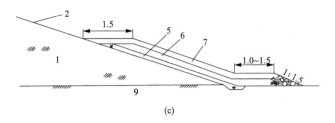

图 4.4　排水体示意图（二）

（c）贴坡式排水体

1—坝体；2—坝坡；3—透水地基；4—卵石；5—粗砂；6—小砾石；7—干砌块石；8—块石；9—非岩石地基

土坝下游坡面应设置纵、横向排水沟，采用浆砌石砌筑或混凝土现浇[6]。

4.2.6　土坝护坡设计

土坝表面应设置护坡，护坡材料可因地制宜选用。护坡的形式、厚度及材料粒径等应根据坝的级别、适用条件和当地材料情况，经技术经济比较后确定。

护坡的覆盖范围：上游面自坝顶至淤积面，下游面自坝顶至排水棱体，设排水棱体时应护至坝脚。

4.2.7　淤地坝渗流分析[9-11]

4.2.7.1　渗流分析的主要内容

（1）确定坝体内浸润线及其下游逸出点位置，绘制坝体及坝基内的等势线分布图及流网图；

（2）确定渗透比降；

（3）确定渗流量。

4.2.7.2　渗流分析的目的

（1）为坝体中各部分土的饱和状态的划分提供依据；

（2）为坝坡稳定提供依据；

（3）根据坝体内部的渗流参数与渗透比降，检验土体的渗流稳定性，防止发生管涌与流土；

（4）确定通过坝体和地基的渗水量损失，设计排水系统的容量。

4.2.7.3　渗流分析的基本方程

达西定律运用比较广泛，适用于水利工程中的一般的渗流问题。

达西定律的形式见式（4.4）[11]：

$$\left.\begin{aligned}v_x&=-k_x\frac{\partial h}{\partial x}\\v_y&=-k_y\frac{\partial h}{\partial y}\\v_z&=-k_z\frac{\partial h}{\partial z}\end{aligned}\right\}\qquad(4.4)$$

式中：k_x、k_y、k_z 分别为 x、y、z 方向的渗透系数；v_x、v_y、v_z 分别为 x、y、z 三个渗透主轴方向的达西流速值；h 为渗流场中各点的测压管水头，其值为压力水头和位置水头之和。

$$h=\frac{p}{\rho}+z\qquad(4.5)$$

式中：p 为试验流体的压强；z 为各点位置水头；ρ 为试验流体的密度。

（1）非稳定渗流下的基本方程。考虑压缩性的三维各向异性非稳定渗流的方程式为

$$\frac{\partial}{\partial x}\left(k_x \frac{\partial h}{\partial x}\right)+\frac{\partial}{\partial y}\left(k_y \frac{\partial h}{\partial y}\right)+\frac{\partial}{\partial z}\left(k_z \frac{\partial h}{\partial z}\right)=\rho g(\alpha+n\beta)\frac{\partial h}{\partial t}=S_s \frac{\partial h}{\partial t} \tag{4.6}$$

式中：$h=h(x, y, z, t)$，为水头函数；S_s 为单位贮水量；n 为土体孔隙率；ρ 为水的密度；α 为土体骨架的压缩系数；β 为水的压缩系数。

（2）稳定渗流下的基本方程。进行三维异性稳定渗流的方程式可以表示为

$$\frac{\partial}{\partial x}\left(k_x \frac{\partial h}{\partial x}\right)+\frac{\partial}{\partial y}\left(k_y \frac{\partial h}{\partial y}\right)+\frac{\partial}{\partial z}\left(k_z \frac{\partial h}{\partial z}\right)=0 \tag{4.7}$$

（3）渗流计算的定解条件。非稳定渗流的初始条件可以表示为

$$h\mid_{t=0}=h_0(x,z,t) \tag{4.8}$$

常用边界条件如下：

第一类边界条件：已知水头边界条件

$$h\mid_{\Gamma_1}=f_1(x,z,t) \tag{4.9}$$

第二类边界条件：已知流量边界

$$k_n \frac{\partial h}{\partial n}\bigg|_{\Gamma_2}=f_2(x,z,t) \tag{4.10}$$

4.2.7.4 渗流分析的方法

淤地坝渗流分析方法包括水力学法、流网法、有限元法。其中，水力学法比较简单实用，计算也具有一定的精度。流网法是一种图解法，当坝体与坝基中的渗流场不十分复杂时，流网绘制方便，精度尚能满足要求。有限元法可以很好地适应复杂的边界条件和坝体、非均质坝基、各向异性等不同的情况，所以在工程设计中逐渐得到广泛应用。有限元法渗流分析基本步骤参见文献 [11]。

4.2.7.5 淤地坝的渗流变形及危害

淤地坝坝体及坝基中的渗流，由于其机械或化学作用，可能使土体产生局部破坏，称为渗透变形。渗透变形的形式与土料性质、土粒级配、水流条件以及防渗、排渗措施等因素有关，通常可以分为下列几种形式[11]。

（1）管涌：在渗流作用下，无黏性土中的细颗粒从孔隙通道中连续被带出的现象。当土体内的渗透流速达到一定的数值时，土壤中的细小颗粒开始被带走，以后随着小颗粒的流失，土壤的孔隙加大，较大颗粒也会被带走，这样逐渐在内部形成集中的渗流通道，以致使土石坝发生破坏。管涌主要发生在坝的下游坡或下游地基表面渗流逸出处。

（2）流土：在上升的渗流作用下局部土体表面的隆起、顶穿或者粗细颗粒群同时浮动而流失的现象。对于黏性土，则表现为表面隆起、断裂和剥落，流土主要发生在黏性土和较均匀的非黏性土体的渗流逸出处。

（3）接触冲刷：当渗流沿着两种渗透系数不同的土层接触面或建筑物与地基的接触面流动时，沿层面带走细颗粒的现象。

（4）接触流土：渗流垂直于渗透系数相差较大的两相邻土层的接触面流动时出现，将渗透系数较小的土层中的细颗粒带入渗透系数较大的另一土层的现象。

前两种渗透变形主要出现在单一土层中，后两种渗透变形则多出现在多种土层中。黏性土的渗流变形形式主要是流土。渗流变形可在小范围内发生，也可以发展至大范围，导致坝体沉降、坝坡塌陷或形成集中的渗透通道等，危及坝的安全。

4.2.8　淤地坝稳定分析[6]

水坠坝应进行施工中、后期坝坡整体稳定及边埂自身稳定性计算，竣工后应进行稳定渗流期下游坝坡稳定计算。碾压式土坝应进行运用期下游坝坡稳定计算。地震区还应进行抗震稳定性验算。

坝体的强度指标应按坝体设计干密度和含水量制样，采用三轴仪测定其总应力或有效应力强度指标，抗剪强度指标的测定和应用方法可按照《碾压式土石坝设计规范》（SL 274—2001）的有关规定选用，试验值可按表 4.7 的规定进行修正[6,11]。

表 4.7　　　　　　　　　　　　　强 度 指 标 修 正 系 数

计算方法	试验方法	修正系数
总应力法	三轴不固结不排水剪	1
	直剪仪快剪	0.5~0.8[a]
有效应力法	三轴固结不排水剪（测孔压）	0.8
	直剪仪慢剪	0.8

a　根据试样在试验过程中的排水程度选用，排水较多时取小值。

坝坡整体稳定计算应按平面问题，圆弧滑动面采用简化毕肖普法或瑞典圆弧法计算，见图 4.5[6]。

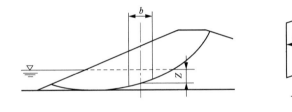

图 4.5　圆弧滑动条分法示意图

关于滑弧抗滑稳定安全系数的计算公式分别如下：

瑞典圆弧法

$$K = \frac{\sum\{[(W \pm V)\cos\alpha - ub\sec\alpha - Q\sin\alpha]\tan\varphi' + c'b\sec\alpha\}}{\sum[(W \pm V)\sin\alpha + M_c/R]} \tag{4.11}$$

简化毕肖普法

$$K = \frac{\sum\{[(W \pm V)\sec\alpha - ub\sec\alpha]\tan\varphi' + c'b\sec\alpha\}[1/(1 + \tan\alpha\tan\varphi'/K)]}{\sum[(W \pm V)\sin\alpha + M_c/R]} \tag{4.12}$$

式中：W 为土条重量；Q、V 分别为水平和垂直地震惯性力（向上为负，向下为正）；u 为作用于土条底面的孔隙压力；α 为条块重力线与通过此条块底面中点的半径之间的夹角；b 为土条宽度；c'、φ' 为土条底面的有效应力抗剪强度指标；M_c 为水平地震惯性力对圆心的力矩；R 为圆弧半径。

当进行水坠坝施工期的坝坡整体稳定性计算时，采用总应力法应计算坝体含水量分布，有效应力法应计算坝体孔隙水压力分布。坝高 15m 以下的水坠坝可采用土坡稳定数图解法。

坝体允许抗滑稳定安全系数按照正常运用条件和非常运用条件，应分别采用 1.25 和 1.5。

4.2.9　淤地坝的沉降分析[6]

（1）坝的总沉降量可根据坝体和坝基的压缩曲线采用分层总和法计算，将各分层的沉降量相加，即为总沉降量

$$S = \sum_{i=1}^{n} \frac{e_{oi} - e_i}{1 + e_{oi}} h_i \tag{4.13}$$

式中：S 为总沉降量，m；n 为分层数目；e_{oi} 为第 i 层土起始孔隙比；$e_。$ 为第 i 层土上部荷载作用下的孔隙比；h_i 为第 i 层土层厚度。

（2）施工期坝体的沉降量对于土坝可取最终沉降量的 80%，将总沉降量减去施工期沉降量，得到竣工后沉降量。水坠坝预留沉陷值一般取坝高的 3%～5%，碾压坝预留沉陷值一般取坝高的 1%～3%[6]。

4.2.10　溢洪道设计[6]

溢洪道是淤地坝工程枢纽的重要建筑物，它承担着排泄洪水、保证淤地坝安全的重要作用。溢洪道分河床式与岸边式两大类，河床式溢洪道多用于混凝土坝枢纽中，在土坝枢纽中，一般不允许在坝上泄水，而在河岸上适当地点修建岸边式溢洪道。

岸边式溢洪道又分为开敞式和封闭式两种。开敞式溢洪道又分为正槽式溢洪道和侧槽式溢洪道，淤地坝工程大多采用正槽式溢洪道；当沟道地形地质情况允许时，为了减少开挖量，也可以采用侧槽式溢洪道。

溢洪道由进口段（包括引渠段、渐变段、溢流堰）、陡坡段、出口段（包括消力池、渐变段、尾水渠）三部分组成，如图 4.6 所示[6]。

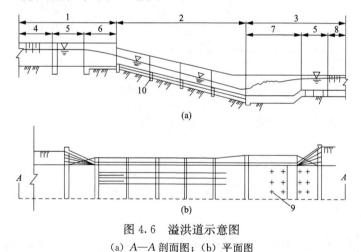

图 4.6　溢洪道示意图

（a）A—A 剖面图；（b）平面图

1—进口段；2—陡坡段；3—出口段；4—引渠段；5—渐变段；6—溢流堰；
7—消力池；8—尾水渠；9—排水孔；10—齿墙

引渠段进口底高程一般采用设计淤积面高程，一般选用梯形断面。溢流堰一般采用矩形断面，堰宽可按式（4.14）和式（4.15）计算。溢流堰长度一般取堰上水深的 3～6 倍，溢流堰及其边墙一般采用浆砌石或混凝土修筑，堰底靠上游端应做深 1.0m、厚 0.5m 的齿墙。

$$B = \frac{q}{M H_0^{3/2}} \tag{4.14}$$

$$H_0 = h + \frac{V_0^2}{2g} \tag{4.15}$$

式中：B 为溢流堰宽，m；q 为溢洪道设计流量，m³/s；M 为流量系数，可取 1.42～1.62；H_0 为计入行进流速的水头，m；h 为溢洪水深，m，即堰前溢流坎以上水深；V_0 为堰前流速，m/s；g 为重力加速度，可取 9.81m/s²。

陡坡段泄槽在平面上宜采用直线、对称布置，一般采用矩形断面，用浆砌石或混凝土衬砌，坡度根据地形可采用 1：3.0～1：5.0，底板衬砌厚度可取 0.3～0.5m。顺水流方向每隔 5m～8m 应设置一沉降缝。泄槽基础每隔 10～15m 应做一道齿墙，可取深 0.8m，宽 0.4m。泄槽边墙高度应按设计流量计算，高出水面线 0.5m，并满足下泄校核流量的要求。

溢洪道出口一般采用消力池消能或挑流消能形式。在土基或破碎软弱岩基上的溢洪道宜选用消力池消能。采用等宽的矩形断面，其水力设计主要包括确定池深和池长。

消力池深度 d 以及长度 L_2 可按式（4.16）～式（4.18）确定，即

$$d = 1.1h_2 - h \tag{4.16}$$

$$h_2 = \frac{h_0}{2}\left[\sqrt{1 + \frac{8\alpha q^2}{gh_0^3}} - 1\right] \tag{4.17}$$

$$L_2 = (3 \sim 5)h_2 \tag{4.18}$$

式中：h_2 为第二共轭水深，m；h 为下游水深，m；h_0 为陡坡末端水深，m；α 为流速不均匀系数，可取 1.0～1.1；q 为陡坡单宽流量，m³/(s·m)；L_2 为消力池长度，m。

在较好的岩基上，可采用挑流消能，在挑坎的末端应做一道齿墙，基础嵌入新鲜完整的岩基，在挑坎下游应做一段短护。挑流消能水力设计主要包括确定挑流水舌挑距和最大冲坑深度。挑流水舌挑距可按式（4.19）确定

$$L = \frac{v_1^2\cos\theta\sin\theta + v_1\cos\theta\sqrt{v_1^2\sin^2\theta + 2g(h_1\cos\theta + h_2)}}{g} \tag{4.19}$$

式中：L 为自挑流鼻坎末端算起至下游河床床面的挑流水舌外缘挑距，m；θ 为挑流水舌水面出射角，近似可取用鼻坎挑角，(°)；h_1 为挑流鼻坎末端法向水深，m；h_2 为鼻坎坎顶至下游河床高程差，m；v_1 为鼻坎坎顶水面流速，m/s。

冲刷坑深度可按式（4.20）确定

$$T = kq^{1/2}Z^{1/4} \tag{4.20}$$

式中：T 为自下游水面至坑底最大水垫深度，m；k 为综合冲刷系数；q 为鼻坎末端断面单宽流量，m³/(s·m)；Z 为上下游水位差，m。

挑流消能冲坑危害的判别，在现行规范中要求安全挑距和水舌入水宽度的确定应以不影响挑坎基础两岸边坡及相邻建筑物的安全为原则。冲坑上游坡度应根据地质条件进行估算，可采用上游坡度等于冲坑净深与挑距的比值小于 1/4～1/3 时认为不会危及大坝安全，同时还应考虑泄小流量时贴流和跌流的冲刷及保护措施。

4.2.11　放水建筑物设计[6]

放水工程一般采用卧管式放水工程或竖井式放水工程，由卧管或竖井、涵洞和消能设施组成。

4.2.11.1　卧管式放水工程[6]

卧管式放水工程结构布置如图 4.7 所示[6]。

卧管应布置在坝上游岸坡，底坡坡比应取 1：2.0～1：3.0，在卧管底部每隔 5～8m 设

置一道齿墙，并根据地基变化情况适当设置沉降缝，采用浆砌石或混凝土砌筑成台阶，台阶高差 0.3～0.5m，每台设置一个或两个放水孔，卧管与涵洞连接处应设置消力池。

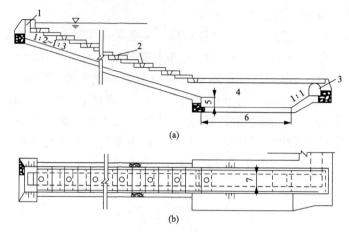

图 4.7　卧管式放水工程结构布置示意图

(a) 纵剖面图；(b) 平面图

1—通气孔；2—放水孔；3—涵洞；4—消力池；5—池深；6—池长；7—池宽

卧管放水孔直径可按式（4.21）～式（4.23）确定：

开启一台

$$d = 0.68 \times \sqrt{\frac{q}{\sqrt{H_1}}} \tag{4.21}$$

同时开启两台

$$d = 0.68 \times \sqrt{\frac{q}{\sqrt{H_1} + \sqrt{H_2}}} \tag{4.22}$$

同时开启三台

$$d = 0.68 \times \sqrt{\frac{q}{\sqrt{H_1} + \sqrt{H_2} + \sqrt{H_3}}} \tag{4.23}$$

式中：d 为放水孔直径，m；q 为放水流量，m^3/s；H_1、H_2、H_3 为孔上水深。

卧管式放水工程涵洞断面一般有方形、圆形和拱形三种，如图 4.8 所示[6]。

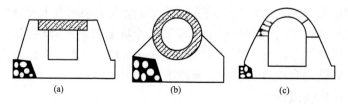

图 4.8　涵洞断面图

（a）方形断面；（b）圆形断面；（c）拱形断面

4.2.11.2　竖井式放水工程[6]

竖井式放水工程结构布置如图 4.9 所示[6]。

竖井一般采用浆砌石修筑断面，形状采用圆环形或方形，内径取 0.8～1.5m，井壁厚度

取 $0.3\sim0.6$m。井底设置消力井，井深为 $0.5\sim2.0$m，沿井壁垂直方向每隔 $0.3\sim0.5$m 可设一对放水孔，应相对交错排列，孔口处修有门槽。插入闸板控制放水，竖井下部与涵洞相连。当竖井较高或地基较差时，应在井底砌筑 $1.5\sim3.0$m 高的井座。

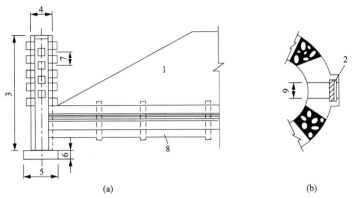

图 4.9　竖井式放水工程结构布置示意图

(a) 竖井式剖面图；(b) 放水孔大样图

1—土坝；2—插板闸门；3—竖井高；4—竖井外径；5—井座宽；6—井座厚；
7—放水孔距；8—涵洞；9—放水孔径

竖井放水孔尺寸可按照式（4.24）～式（4.25）确定：

采用单排放水孔放水

$$w = 0.174 \times \sqrt{\frac{q}{\sqrt{H_1}}} \tag{4.24}$$

采用上下两对放水孔同时放水

$$w = 0.174 \times \sqrt{\frac{q}{\sqrt{H_1} + \sqrt{H_2}}} \tag{4.25}$$

式中：w 为孔口面积，m^2；q 为放水流量，m^3s；H_1、H_2 为孔口中心至水面的距离，m。

4.2.12　工程实例分析[4]

工程所在小流域位于陕西省延安地区某县的西南部，属于黄土丘陵沟壑区的第一副区，流域总面积为 76.86km^2，水土流失极为严重，年土壤侵蚀模数达 9000t/km^2。流域现在有 2 座骨干坝、2 座中型坝，都已经基本淤满；流域主沟道中缺少控制性工程，很难形成有效的水土保持综合防御体系。为了减少入河泥沙，减轻下游河道淤积，改善区域生态环境和当地群众的生产生活条件，实施此小流域坝系工程建设是十分必要的。某骨干坝是该坝系工程中的控制性工程，位于此流域中上游主沟道。该主沟道多年平均输沙量为 5.027m^3/a，骨干坝设计淤积年限为 20 年。

4.2.12.1　枢纽组成及布设

淤地坝是枢纽工程的主体工程，主要的作用是拦洪淤地，一般非长期用于蓄水，当拦泥淤成坝地后，即可投入生产种植，不再起蓄水调洪作用。溢洪道的主要作用是排洪，保证大坝及坝地的生产安全，一般要求是，在正常情况下能排除设计洪水径流，在非常情况下能排除校核洪水径流。放水洞又称清水洞，主要作用是排除坝地中的积水，排水后可以防止作物受淹和坝地盐碱化，在蓄水期间可以为下游地区供水、灌溉，或为常流水沟道经常性排流，有的可兼顾部分排洪任务。

此骨干坝工程主要是为拦洪排清，保障下游坝地的安全生产，所以工程由大坝、溢洪道和放水工程三大件组成，根据地形限制，溢洪道和放水工程布置于工程右岸，采用卧管及涵管放水。

4.2.12.2 坝顶高程确定

（1）水位—库容关系曲线的绘制。由实测沟道断面法得各水位对应面积，各级水位下的库容按式（4.26）～式（4.27）确定，即

$$\Delta V_i = \frac{S_{i-1} + S_i}{2} \Delta Z_i \tag{4.26}$$

$$V = \sum \Delta V_i \tag{4.27}$$

式中：V 为某一水位下的库容，万 m^3；S_i 为第 i 级水位对应的淤地面积，万 m^2；Z_i 为水位分级高差，m；ΔZ_i 为分级水位所增库容，万 m^3。

经计算（结果见表 4.8），绘制出水位—库容关系曲线。

表 4.8　　水位—库容计算结果

水位（m）	坝高（m）	面积（m²）	平均面积（m²）	层间库容（m³）	累积库容（m³）
1080.0	0.0	0			0
1082.5	2.5	5250	2625	6563	6563
1085.0	5.0	10500	7875	19688	26250
1087.5	7.5	23500	17000	42500	68750
1090.0	10.0	36500	30000	75000	143750
1092.5	12.5	62712	49606	124014	267764
1095.0	15.0	88923	75817	189543	457308
1097.5	17.5	103634	96279	240696	698004
1100.0	20.0	118345	110990	277474	975478
1102.5	22.5	130339	124342	310854	1286332
1105.0	25.0	142332	136335	340838	1627170
1107.5	27.5	151432	146882	367204	1994374
1110.0	30.0	160531	155981	389953	2384328

（2）拦泥库容计算。拦泥库容 V_L 按式（4.28）确定，即

$$V_L = N \times W_S \tag{4.28}$$

式中：V_L 为拦泥库容，万 m^3；W_S 为多年平均输沙量，万 m^3/a；N 为设计淤积年限，a。

由此可得，$V_L = 5.027 \times 20 = 100.54$（万 m^3）。

（3）坝高确定。根据此骨干坝工程的作用和运用条件，以及对枢纽布设的要求，结合坝址地形条件，确定工程枢纽主要由坝体、溢洪道和放水工程组成。坝高 H 由拦泥坝高 H_L、滞洪坝高 H_Z 和安全超高 ΔH 三部分组成，按式（4.1）确定。拦泥坝高由拦泥库容查水位—库容曲线确定。查水位—库容曲线得，$H_L = 20.22m$，设计淤积高程为 1100.22m。

滞洪坝高由调洪演算确定。滞洪库容按一次校核洪水总量经调洪演算确定，即 $V_Z = 53.8$ 万 m^3，查水位—库容曲线得，$H_Z = 4.1m$，滞洪水位高程为 1104.32m。

安全超高按表 4.3 的有关规定取 $\Delta H = 1.68m$，坝顶高程为 1106.0m，坝顶宽 74.50m。

工程设计坝高 $H = H_L + H_Z + \Delta H = 20.22 + 4.1 + 1.68 = 26.0$（m）。

由于该工程采用碾压施工，需预留一定的沉陷坝高，按 1%～3% 的预留沉陷坝高算，取

其为 0.5m，则淤地坝坝高为 26.5m。

4.2.12.3 卧管放水孔径计算

卧管台阶高 0.4m，每台设一孔，同时开启三孔放水，孔径按式 (4.23) 确定，即

$$d = 0.68 \times \sqrt{\frac{Q}{\sqrt{H_1} + \sqrt{H_2} + \sqrt{H_3}}}$$

式中：d 为放水孔直径，m；H_1、H_2、H_3 分别为三孔的作用水头，m，其中 $H_1 = 0.4$m、$H_2 = 0.8$m、$H_3 = 1.2$m；Q 为设计放水流量，$Q = 0.51$m³/s。

将以上有关数值代入公式计算得：

$$d = 0.68 \times \sqrt{\frac{0.51}{\sqrt{0.4} + \sqrt{0.8} + \sqrt{1.2}}} = 0.30 \text{(m)}$$

则淤地坝放水孔直径为 0.30m。

4.3　淤地坝施工技术

根据施工工艺不同，淤地坝分为碾压坝与水坠坝两大类[6,12]。

碾压坝施工中利用碾压机具分层压实筑坝材料。碾压坝比较密实，完工后沉陷量较小，一般不超过坝高的 1%，抗剪强度较高，坝坡较陡，节省工程量。以干密度作为控制碾压的标准，上坝土料的含水量应控制在最优含水量附近。碾压坝所用的碾压机具多种多样，从人工硪夯到各种不同功率的机械夯碾，可根据筑坝材料和气象条件选用，并通过现场碾压试验确定最优碾压参数，如碾压层厚度和碾压遍数等。

水坠坝是采用水力充填方法修筑的土坝。它是在坝址附近选择较坝顶高的料场，用机械抽水到料场，冲击土料，经过水的湿化、崩解、流动作用形成泥浆，经过人工引导，均匀分层填成均质坝或经过水力分选的非均质坝。坝体随泥浆的脱水固结和泥浆自重积压，强度不断增加。与碾压坝相比，省去了装、运、卸、压等四道工序，节省了劳力，降低了造价，工序较少。

4.3.1 淤地坝施工的特点[12]

(1) 淤地坝工程修建在水土流失严重的沟谷中，受水文、气象、地形、地质因素的影响较大，要保证施工顺利，必须采取相应的措施，避免各种因素的干扰，保证施工质量和施工进度。

(2) 行洪沟道上修建挡水建筑物，关系着下游人民生命财产的安全。工程施工的质量不但影响建筑物的寿命和效益，而且关系到运行和维护的费用；工程一旦失事，将会给人民生命财产带来严重的损失。因此，必须保证施工质量。

(3) 淤地坝工程，尤其是骨干坝，各单项工程建筑物布置比较集中，工程量大，工期短，施工强度高，再加上沟谷地形狭窄，容易发生施工干扰，平面布置复杂，因此需要统筹规划，重视施工的组织与管理，同时因地选择适宜的施工方案。

4.3.2 淤地坝施工的技术特征[12]

(1) 专业性强。淤地坝是修建在行洪支毛沟上的挡水建筑物，属水利工程。进行淤地坝施工和监理的技术人员必须具备水工方面的专业知识和技能，才能保证淤地坝工程的施工质量。

（2）综合性强。在淤地坝施工过程中，不仅需要掌握水工专业知识以更好地领会设计意图，还涉及水文、地质、工程测量、建筑材料等有关专业知识，以便更全面地掌握施工条件；此外还需要掌握有关工程建设的方针政策和工程管理知识，保证优质高效地组织施工。

（3）区域性强。由于适合修建淤地坝的地域较广，涉及青海、甘肃、宁夏、内蒙古、陕西、山西、河南等七省（区），因各地在地形、地质、水文等条件上差异很大，建筑材料也不尽相同。因此，必须因地制宜，采用不同的施工技术，才能建成适合当地的高质量的淤地坝。

（4）群众性强。在淤地坝和小流域坝系建筑中，除数量较少的治沟骨干工程（即起骨干作用规模较大的淤地坝）需要专业施工队伍进行施工外，其余大量工程是中小型淤地坝，尤其是小型淤地坝，需要依靠当地广大群众参与施工。因此，施工技术易为群众掌握运用。

淤地坝施工必须结合其工程特征进行，要求理论与实践紧密结合，技术性强，在施工过程中，必须不断地总结、吸收工程建设的先进经验，研究并运用到实践中，以提高淤地坝工程的施工技术水平。大规模淤地坝项目的实施，必须按照国家基本建设程序，全面推行"三项制度"和合同管理制度。一方面，淤地坝工程的施工技术水平要不断提高；另一方面，加强施工管理也是淤地坝工程施工中一项非常重要的内容。只有从技术和管理两个方面同时加强和提高，才能圆满完成淤地坝建设施工。

目前，淤地坝施工中存在的主要问题如下：

（1）专业施工技术力量薄弱。从黄土高原地区开展淤地坝建设的 100 多个县级水土保持业务主管部门的专业技术人员现状调查情况看，缺少专业技术人员是一个普遍问题。尤其是施工专业人员奇缺，有许多地方的施工技术人员缺乏系统的水工专业培训，造成施工质量低下、工程频繁变更、窝工浪费严重。

（2）缺乏有效的质量监测监督体系。多年来，淤地坝工程大都是组织当地群众或县级专业队伍施工，在施工管理和工程质量控制上存在许多不规范之处，缺乏必要的质量监测设备和监控手段。近年来，虽执行了工程监理制度，但主要是对治沟骨干工程实施监理，且监理的工作方式主要以巡回监理为主，对工程质量缺乏全过程的控制。各地及行业的质量监督站目前也不够健全，不能对淤地坝工程实施必要的监督。

（3）施工技术研究有待加强。淤地坝从无设计的群众自发建设到治沟骨干工程（或骨干淤地坝）按规范作业施工，水土保持工程施工的科学性和规范性有了很大的提高。但和其他行业的工程建设项目相比，仍存在许多有待完善的地方：一是加强淤地坝施工的试验研究。随着淤地坝建设的快速发展，施工中已出现不少新问题，如组织机械化施工、施工土料含水率偏低、质量控制方法、提高工效和节约投资等方面的研究较少，需进一步加强；二是目前的骨干淤地坝工程施工，初步设计及概算经主管部门批复后，只有设计图纸计算的理论工程量，由于没有施工图设计，因而缺少具体的施工工程量清单，施工预算无从做起，影响工程标底的编制，工程投资很难做到量化控制，同时也影响施工质量管理，这一方面需要今后不断完善。

4.3.3 坝体施工[6,12]

在实际工程中，碾压坝的修建较为广泛。下面对其施工方法进行简要介绍。

4.3.3.1 土坝施工要求

（1）要求清基，将浮土及杂物全部清理干净，一般在 50cm 以上，将坝体与岸坡连接处开挖成平顺的正坡。

（2）开挖结合槽。

（3）碾压坝铺土厚度不超过 25cm，分层碾压，干密度达到 1550kg/m³ 以上；清基、结合槽开挖完成后，开始坝体填筑。根据土料性质、力学指标、土场条件，结合已建工程的经验，选择机具确定坝体填筑的工序。

4.3.3.2　填筑要求

（1）填筑地面起伏不平时，应按水平分层由低到高逐层填筑，不得顺坡铺填。

（2）作业面应分层统一铺土、碾压，并配备人工、推土机具参与整平作业，严禁出现界沟。

（3）坝体分段施工时，应清除接头表土，切成台阶，形成梳状齿槽，坝体横向接缝结合坡度采用 1∶3～1∶5，高差小于 5m。

（4）已铺土料在压实前，若含水量过大，应人工或机械翻、凉、晒；若含水量过小，应洒水湿润。

（5）若出现局部"弹簧土"、层间光面、层间中空、松土层等质量问题时，应及时进行处理并经检验合格后方可铺填新土。

（6）作业面要平整。

（7）土坝施工时应预留沉陷坝高，预留沉陷值按设计坝高的 3％确定。

4.3.3.3　铺土要求

（1）铺土前，坝基表面应洒水、压实。

（2）铺土要沿坝轴线方向进行，厚度均匀，压迹重叠 10～15cm。厚度视压实机械确定：轻型 0.2m、中型 0.25～0.3m、重型 0.4m，同时要将土块打碎、除去树根和杂草等。铺土前应对夯实表层刨毛、洒水。

（3）铺土至坝边时，应在实际边线外侧超填 0.3～0.5m 的余量。

（4）土料严禁混杂使用，不得夹带冰雪。

4.3.3.4　碾压要求

（1）碾压遍数应通过试验确定，但不得少于 4 遍，不得漏压、少压、不得出现"弹簧土"、裂缝等现象。

（2）坝体的岸边、建筑物附近要采取人工补夯压实措施，确保碾压质量。

（3）压实机械行走方向应平行于坝轴线，行车速度控制在 2km/h 以内。

（4）分段作业时，应设立标志，上、下层分段接缝位置要错开，相临作业面的搭接碾压宽度不小于 0.5～1.0m。

（5）质量控制指标，土料含水量控制在 10％～15％，每层铺土厚不得超过 0.25m，压实后干密度应不小于 1.55t/m³。

4.3.3.5　坝坡的处理

坝体填筑完成后，要对坝坡进行人工整修。整坡时，只许挖土，穴坑应回填粗砂捣固平整，达到实际要求。外观要整洁、平顺。

4.3.3.6　反滤体的处理

（1）反滤体各层材料的级配、粒径、含泥量和不均匀系数等，均必须满足设计要求。

（2）反滤层应在清基平整后铺筑。

（3）铺筑时应保证各层的厚度和位置，每层用料颗粒粒径应不超过邻层较小颗粒的4～5倍。

（4）在斜面上铺筑反滤层时须自下而上进行；铺筑砂层时须洒水夯实，并预留相当层厚5%的沉陷量。

（5）施工时间应选在非冻期。

（6）堆石棱体施工，应先铺底面上的反滤层，然后堆棱柱体，再铺斜向反滤层。

（7）贴坡反滤体外应从坝坡由内向外，依次铺筑至设计高度。

（8）堆石的上下层面应犬牙交错，不得有水平接缝，层厚为0.5～1.0m，反滤体外坡石料应采用平砌法砌筑。

（9）应确保反滤料的设计厚度，每10m左右应设一样板标记，经常进行检查，做好反滤层的防护。

4.3.3.7　坝基处理

（1）清基。在坝体填筑前，应清除坝基范围内的草皮、树根、腐殖土、洞穴和乱石，清基厚度为0.5m。坝基开挖后要求轮廓平顺，避免地形突变。如开挖后发现软基，应视具体情况进行处理。

（2）削坡。按照《水土保持治沟骨干工程技术规范》（SL 289—2003）的要求，坝体与岸坡结合应采用斜坡平顺连接，可以根据施工现场的具体情况选择削坡坡比。

（3）结合槽。为防止坝体与坝基结合处形成集中渗流，保证坝体与坝基紧密结合，在坝轴线开挖结合槽两道，坝轴线处设置一道，坝轴线到上游30m左右处再设置一道。

（4）坝面护坡及排水。工程竣工后，对土坝上下游坝坡设置护坡。护坡措施可采用草皮护坡，如在坡面上种植白草、柠条、沙棘、紫穗槐等须根繁多、主根较短的草本和灌木植物，以加固坝坡的防冲能力。在下游坝坡设置纵、横向排水沟，在坝体与两岸交汇处顺坝坡布设纵向排水沟，在马道内侧布设一条横向排水沟，纵、横向排水沟应相互连通[12]。

4.3.4　放水工程施工[12]

放水工程包括卧管、涵洞、消力池等。涵洞工程应按涵洞、涵管等不同类型、不同的设置位置，采用不同的方法进行施工。浆砌石涵洞施工，砌石时土质基础不坐浆，岩石基础应清基后坐浆。侧墙应确定中线和边线位置。

4.3.4.1　施工流程

放水工程施工主要为卧管和涵管基础砌石及涵管安装，其工艺流程为：砌筑面准备（清除飘浮、残渣、冲洗）→选料→铺浆→安放石料→竖缝灌浆→捣实→清表面缝→勾缝→养护。

4.3.4.2　砂浆配合比选择

在浆砌石工程中，砂浆用量占砌筑量的30%～35%，其材料用量可以根据以往工程的施工经验确定；另外，施工前应先做配合比试验确定施工配合比，配合比应遵照设计要求，不得随意增减。

4.3.4.3　施工方法[12]

（1）地基处理。开挖断面时两岸边坡不应陡于1∶1.5；对湿陷性较强、厚度较大的黄土地基或台地，应采用预浸水法处理；对淤土坝基，应选用截断上游来水的方法使淤土自然固结。

（2）涵管施工要求。预制涵管应由一端依次逐节向另一端套装，接头缝隙应采取止水措施；涵管与土坝防渗体相接处应设置截水环。

（3）卧管和涵管基础砌石应符合以下技术要求：砌筑基础和侧墙时，土质地基不坐浆，岩石基础应清基后坐浆。每层石料大面向下，上下前后错缝，内外搭接。在已坐浆的砌筑面上，摆放洗净的石料，并用铁锤敲击石面，使坐浆开始溢出为度，石料之间砌缝控制在 2～4cm。石料摆放就位后，应及时进行竖缝灌浆，并插捣密实。

4.3.4.4　质量要求

放水工程砌筑施工应满足"平、稳、满、错"的要求。"平"指同一层的石块应大致砌平，相邻石块高差不宜过大，以利于上下层水平缝结合密实；"稳"指单块石料的安砌要求自身稳定，大面朝下放置，不得倒置或依赖支撑维持稳定；"满"指砌体的上下左右砌缝中的胶结材料必须饱满密实，使各块石之间能胶结成整体；"错"指同一砌筑层内石块应相互错缝砌筑，不允许出现顺流向的通缝；另外，水泥砂浆拌和好后应及时使用，变质失效的砂浆不得使用[12]。

4.3.5　溢洪道施工[12,13]

溢洪道多建在岩基上，也可以建在土基上，在有条件的地方，尽量建在岩基上，以提高溢洪道的安全性，减少衬砌工程量。溢洪道兴建处要求河岸稳定，无滑塌危险。地形条件对溢洪道的开挖量影响较大，应尽量选择马鞍形山谷，平缓的岸坡台地也适合开挖。

淤地坝溢洪道大多靠近大坝，开挖时可先在紧靠坝头处按照一定高程开挖成平台，然后从两头向中间沿纵轴线和该段进出口底部高程进行施工，可由低向高扩大平台和深槽。陡坡和下游可根据开挖深度和工程量，分成多级台阶自上而下分层开挖，从外向里发展。

根据开挖后的地基实际情况，为了提高承受高速水流冲刷和行洪的能力，可局部或全部采用浆砌石或混凝土衬砌。基础底部衬砌宽度不超过 10m 时，可不设纵缝，但需按一定间距设置横向伸缩缝。衬砌施工前要保持仓面清洁，保证衬砌的质量和厚度。溢洪道过水断面必须按设计宽度、深度、边坡施工，同时严格掌握溢洪道高程，不能超过或降低。

为了防止进口段溢洪道靠山体一侧产生绕坝渗流，导墙施工前要清除岩面风化杂物并冲洗干净，同时注意回填灌浆的质量，使其良好结合。

4.4　淤地坝的运行管理

4.4.1　淤地坝的管护范围[14]

4.4.1.1　淤地坝的管理范围

（1）根据坝系工程管理维护需要，经由当地政府批准，明确划定的范围。

（2）淤地坝最高洪水位以下库区范围。

（3）坝体及其下游坡脚和坝端边线以外 50～100m 的范围。

（4）放水、泄洪等设施及边线以外 10～15m 的范围。

4.4.1.2　淤地坝的保护范围

（1）库区及库周围与工程维护有密切关系的范围。工程的开发利用不得对正常运行造成不利影响。

（2）骨干坝为大坝下游坡脚和坝端外 100m 的范围，放水建筑物、溢洪道等建筑物及其边线以外 100m 的范围。

（3）中型淤地坝为坝体、放水等设施及其边线以外 50m 的范围。

（4）小型淤地坝为坝体、放水等设施及其边线以外 20m 的范围。

4.4.1.3　淤地坝管护范围内禁止的活动

（1）毁坏和盗窃放水、泄洪建筑物及其他工程设施。

（2）在坝体上取土、取石，在坝体、坝肩和最高洪水位以下河床建房，坝顶行驶超重机动车辆，以及其他损坏坝体的行为。

（3）在工程管理范围内挖洞、放牧、毁坏破坏草皮等，在工程保护范围内打井、爆破、采石、破坏植被等。

（4）向库内倾倒弃石、废渣、垃圾，排放污水等。

4.4.2　淤地坝的运行管理模式[14-16]

4.4.2.1　集体管理型

这是一种传统的运行管理模式，目前应用较为普遍。由于绝大部分中小型淤地坝是村集体投劳修建的，因而产权归村集体所有。工程的维修管护一般由村委会负责，所需资金和投劳则由村民分摊解决，由村委会确定专人负责日常管护。

这种运行管理模式在农村集体所有制和坝地集体经营情况下是有效可行的。实行联产承包责任制后，坝地由村、组统一分给农民耕种，形成了坝地集体所有与农户自主经营的形式。

4.4.2.2　承包型

该模式主要是由农民单户、联户或非农人员对工程进行自主经营和自行管护。一般是在工程竣工验收后，由县（旗）、乡（镇）水土保持部门根据有关规定划定管理范围，确定承包方案，公布承包的有关事宜，并通过公开招标确定承包者、承包期限（10～30 年）和不同时期的承包金，进而签订承包合同并进行公证。

承包经营管理是一种有效的运行管理模式，其优点有：

（1）责、权、利比较明确，保证了淤地坝的日常管护，又给了承包者开发利用水土资源的自主权。

（2）可以利用农村闲散劳力，促进土地合理开发，为农村产业结构调整和培植新的经济增长点创造条件。

（3）承包期限较长，便于经营者进行再投入，开发经营周期较长的项目，以获得更好的经济效益。

4.4.2.3　租赁型

这种运行管理模式是在工程竣工验收后，由水土保持部门根据有关规定划定租赁范围，确定租赁方案、租赁期限和租赁金，明确租赁者的责、权、利，公布租赁的有关事宜，通过公开招标确定租赁者，签订租赁合同。租赁者按有关淤地坝管理规定和租赁合同约定负责其责任范围内工程的经营管护。按合同规定完成淤地坝维修，并承担一定的维修费用，汛期负责放水、汛情监测和上报。租赁者按合同交付租赁金后，依法享有租赁范围内的自主经营权和合法收入，并可依照合同规定享有继承、抵押和参股经营等权利。合同有效期间，国家、集体需要征用租赁范围内土地时，须按有关规定给予租赁者一定的补偿。

4.4.2.4 股份合作型

股份合作型主要是由两个以上的入股主体（国家、集体、个人）按协定以资产、劳务等入股，合作经营管理，利益共享，风险共担。一种是由集体组织，个人入股；另一种是集体和农户之间的股份合作，集体以坝、地入股，农户投劳经营，集体与农户以 3∶7 或 2∶8 分成。

4.4.2.5 拍卖型

拍卖型主要是拍卖土地使用权，一般将淤地坝与坝地或周围一定范围的"四荒"使用权捆绑拍卖给个人或单位进行经营管理和治理开发。淤地坝拍卖在公开、公平、公正的原则下，主要由当地政府通过竞标、确权和司法公证方式，将工程和坝地的使用权拍卖给农户和非农人员，自主开发经营，其价格根据对工程资产的评估并结合市场情况确定，出让期一般为 10～30 年。由转让方与受让方签订转让合同，并对付款方式、期限、双方的权利和义务进行详尽规定。

4.4.2.6 经济实体管理型

这种模式是县水利水土保持部门或乡（镇）水管站以淤地坝为依托，通过创办经济实体，对淤地坝及周围水土资源进行的开发利用和经营管护。

水资源利用效益好的大型骨干工程多采用这种形式。一般是工程验收后，县水利水土保持部门移交乡政府，乡政府以承包等形式交给水管站全权经营管理，或者县水利水土保持部门以承包等形式交给其下属企业公司全权经营管理。这种形式把工程的管护维修与其经济利益紧密结合起来，经营管理者实力强，管护维修和防汛能得到有效保障，达到了责、权、利的有机结合，形成了"以坝养坝、自我维持"的良好运行机制。

4.4.2.7 乡（镇）水土保持站统一管理型

该模式在青海省等地采用较多，即淤地坝，特别是治沟骨干工程的运行管理由乡（镇）水土保持站负责。一种是工程竣工验收合格后，由县水土保持主管部门移交给乡（镇）水土保持站，并与其签订运行管理合同。工程所有权和经营收入归乡（镇）水土保持站，乡（镇）水土保持站负责落实管护责任，保证工程安全运行，管护人按乡（镇）水土保持站要求实施管护并获取报酬。另一种是淤地坝建成后，水土保持部门将工程移交给所在乡（镇）政府，并签订运行管理合同。乡（镇）政府委托水土保持站再与工程所在村签订管理合同，具体经营管理由村委会负责，乡（镇）水土保持站负责防汛指导和监督。

4.4.3 淤地坝的运行方式[14-16]

淤地坝的运用是通过对运行过程的人为控制，达到提高水资源利用率，保证坝系工程度汛和坝地生产安全，最大限度地发挥综合效益的目的。淤地坝的运行方式主要有单坝运行和坝系运行两种方式。骨干坝在小流域坝系运用中发挥着主导作用和控制作用。

4.4.3.1 单坝运行方式

单独运行的淤地坝，其主要目的是拦截泥沙，不承担蓄水的功能，所以其库容一般是由防洪库容和拦泥库容两部分构成。淤地坝建成初期，坝体会将上游来水来沙全部拦蓄在坝体内，将清水通过放水建筑物流向坝体下游用于农业灌溉等方面，而来水里面所含泥沙将会被坝体全部或大部拦蓄；而当坝体被泥沙淤满形成坝地后，当地农民即可用于种植，从而发挥了淤地坝的经济和治沙效能。坝体在淤满后只能发挥拦截洪水和淤积泥沙的功能，为了保证工程的安全性、提高其防洪能力，需要对坝体进行加高或者增设溢洪道等工程。

淤地坝总体上采用滞洪、排清的运行方式，通过对坝体和放水建筑物的运行控制来实现。放水建筑物是调控坝库水位和蓄水量的重要设施，通过人工启闭放水孔的数量来控制放水流量；但由于其泄量很小，运行时不考虑其调洪作用。淤地坝的溢洪道一般采用开敞式，其泄洪运行不具备人工控制的条件。

（1）淤积前期。当流域发生降雨时，淤地坝拦蓄上游洪水，将泥沙沉淀在库内，洪水被转变成清水，再由放水建筑物缓慢下泄，腾空库容以便再次拦洪。有些淤地坝在非汛期库内存蓄一定量的水，用于灌溉、养殖或提供给人畜饮用。

放水建筑物是调控坝库水位和蓄水量的重要设施。一般在洪水来临之前通过放水建筑物排放库水，预留出足够的防洪库容。

放水建筑物的结构尺寸一般按照无压流设计，通过人工启闭放水孔的数量来控制放水流量。淤地坝管理人员通常在洪水来临之前，预先在可能达到的最高洪水位处开启 1～3 台的放水孔，其余放水孔全部关闭；在放水的过程中，随着水位的下降依次开启放水孔。放水过程中应严格控制放水孔流量不得超过设计值，防止放水涵洞和卧管出现有压流而造成毁坏。

（2）淤积后期。淤地坝运行一段时间以后，拦泥库容基本淤满，坝地基本淤成，具备了种植生产的条件，可以种植高秆作物等投入生产利用。期间，设计洪水可以通过放水建筑物排出，但此时的坝地保收率可能还比较低。

（3）淤满后。当拦泥库容全部淤满后，此时的坝地面积和保收率达到了设计要求，可以正式投入运行，发挥效益。但此时的防洪库容也可能因持续淤积而被泥沙挤占，防洪能力无法达到设计要求，此时一般采用以下两种方案：

1）加高坝体。根据淤积情况适时对坝体进行加高。此种办法在使之淤满达到防洪标准的同时，淤地面积也将持续加大，保收率也相应得到提高。

2）增建溢洪道。若淤地坝受地形、工程设施和生活设施分布位置等条件限制无法加高坝体，或为了尽早利用坝地，可以采用在坝端岸坡的一侧增设溢洪道的方式。当地下水位较高时，为了防止坝地盐碱化，可以采用复式断面溢洪道的结构。淤地坝增设溢洪道的不利因素是拦泥减沙能力大大降低，难以继续滞洪淤地。

4.4.3.2 坝系运行方式

坝系共同调控主要有由防洪工程和生产部分组成。防洪工程是坝系的主体，主要保证整个坝系运行的安全，一般都是由坝系构成的骨干坝来完成这一任务，控制坝体上游的来水来沙，提高整个坝系的防洪能力，为坝系内生产活动提供安全保障；生产部分是坝系直接经济来源的主要部分，通过当地农民在坝系所形成的坝地内的生产活动，增加当地农民的收入，从而达到改善当地生产和生活条件的目的。

坝系运行过程实际上是各类坝之间优化组合、相互协调、功能转化的过程。坝系运行方式具有自身的明显特征：首先，在考虑坝系的整体利益和效果的目标下，最大限度地发挥各类坝的功能优势和结构特点；这种方案对于单坝而言可能并非是最佳的运用方式，有一些利益的损失，但从整体上来看却是较优的、可行的。其次，在坝系形成和发展的过程中，各类坝的功能和作用并非是一成不变的，前期是防洪，而后期可能是生产；前期是中型淤地坝，后期可能被改建成骨干坝。

坝系运行一般采用以下几种方式[17-21]。

（1）上坝拦洪、下坝种地。对流域面积小于 20km² 、坡面治理较好、来水较少的沟道，采用从下游向上游梯级建坝、上拦下用的方式，逐步形成坝系。当第一座坝建成并淤满种地后，在其上游修第二座坝用以拦洪，以保证第一座坝的生产安全。第二座坝淤成种地后，其上游再修第三座坝以保护下游坝。这种运行方式的特点是：坝系拦蓄作用显著，坝地形成快，收益早。此种运行方式的坝地利用也是从沟口到沟掌梯级开发利用，如图 4.10 所示[19]。

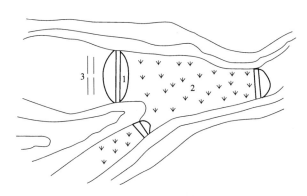

图 4.10　上坝拦洪、下坝种地运行方式
1—淤地坝；2—坝地；3—水库

（2）上坝生产、下坝拦淤。对于流域面积大于 20km² 、坡面治理较差、来水较多的沟道，坝系运行从保证工程安全的角度考虑，可以采用从上游到下游分期筑坝的方式，待上游坝淤满利用后再建下游坝，拦蓄上坝和控制区间的洪水泥沙，拦泥淤地，依次由上游向沟口逐步形成坝系，如图 4.11 所示[19]。

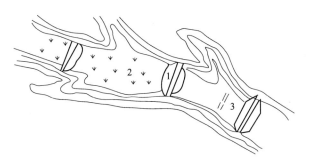

图 4.11　上坝生产、下坝拦淤运行方式
1—淤地坝；2—坝地；3—水库

（3）支沟滞洪、干沟生产。多数情况下，对于已经初步形成坝系的小流域，其干沟一般治理较好，沟道平缓宽阔，库容条件较好，形成了大片的坝地，但同时受到地形、村庄、道路和工程建设规模等因素的限制，往往难以实施大规模的淤地坝建设，一般只能进行一些旧坝的配套和改建，或采用淤漫的方式进行治河造地，发展生产。淤地坝建设的重点是在支沟内修建骨干坝，控制支沟的洪水泥沙，保护干沟淤地坝及其建筑设施的安全运行和坝地的安全生产，发挥坝系的综合效益，如图 4.12 所示[19]。

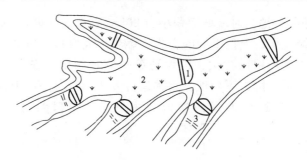

图 4.12　支沟滞洪、干沟生产运行方式
1—淤地坝；2—坝地；3—水库

4.4.4　淤地坝的养护与维修[19]

淤地坝工程在运行过程中，由于长期受到各种自然因素和人为因素的影响，工程的整体或局部将会遭受不同程度的损坏，若不及时进行养护与维修，损坏程度将日趋加重，甚至导致更为严重的后果，因此在淤地坝的运行管理过程中，必须在巡视检查、观测的基础上，及时对淤地坝工程进行养护与维修。

淤地坝工程养护方面的内容主要有坝体养护、放水建筑物养护、溢洪道养护和其他设施养护，淤地坝工程维修方面的内容主要有坝体裂缝修理、坝体渗漏处理、坝体滑坡修理、坝基渗漏处理、坝体加高、放水建筑物修理、溢洪道修理等。

4.4.4.1　淤地坝工程养护

1. 坝体养护[22]

（1）日常养护：

1）及时消除土坝表面的缺陷和局部工程问题，随时防护可能发生的损坏，保持大坝工程和设施的安全、完整及正常运用。

2）严禁在坝面上修建渠道、堆放杂物、晾晒粮草、放牧，不得拆卸或搬动护坡材料、破坏护坡植被等。

3）严禁在大坝管理和保护范围内进行爆破、打井、采石、采矿、挖沙、取土、修坟等危害大坝安全的活动。

4）若淤地坝的坝顶兼作公路，需经科学论证和上级主管部门批准，并应采取相应的安全保护措施。

5）应根据淤积情况，验算淤地坝的防洪能力。对于已经不能满足防洪安全要求，需要通过加高坝体的手段增加库容、提高防洪标准的中小型淤地坝，可以采用每年少量培高的方式逐年加高坝体，加高的幅度应通过计算确定。骨干坝应采用增建溢洪道的方式解决防洪安全问题。

（2）坝顶、坝端养护：

1）及时清除坝顶的杂草和堆积的杂物，保持坝顶平整、轮廓分明。

2）若坝顶出现坑洼和雨淋沟缺，应用相同材料填平、补齐、夯实，并应保持一定的排水坡度。

3）对坝顶或坝端出现的较浅、较短裂缝应先进行缝隙的平整处理，后采用稀泥浆灌注，最后夯实表层。

4）批准通行车辆的坝顶，应按照相同等级公路路面养护的有关规定进行养护；当出现局部塌陷、道沿缺损等问题且暂时无法修复时，可用土或碎石料临时填平，待以后修复。

（3）坝坡养护：

1）坝坡的养护应达到坡面平整，无雨淋沟缺；护坡砌块应完好无缺，砌缝紧密、填料密实，无松动、塌陷、脱落、风化、冻毁或架空现象。

2）生物措施护坡的保护。护坡植被宜选用根系发达、扎根较浅、耐寒抗冻、有一定经济价值的草或灌木，农作物不得用作护坡植被，坝面上不得种植乔木。护坡植被应经常修整，保持完整；当发生干枯时，应及时洒水养护；当出现植被破坏时，应及时补植，尽快恢复。

3）干砌块石坡护的养护。及时填补、楔紧个别脱落或松动的护坡石料，更换风化或冻毁的块石。当块石塌陷、垫层被冲毁时，应先翻出块石，恢复坝体和垫层后，再将块石嵌砌紧密。

4）其他形式护坡的养护。土木织物（如土工布、土工膜）、预制混凝土板（块）等都可作为护坡材料，可根据当地气候条件、应用情况和淤地坝实际需要择优选用，其养护要求可查阅相关资料。

（4）排水沟养护：

1）在坝顶、坝坡和坝趾上布置的纵、横向排水沟应保持连续贯通，满足设计排水的要求。当排水能力不足时，应及时向主管部门汇报，可采取加大排水断面、增加排水沟数量等技术措施，提高排水能力。

2）及时清除排水沟内的淤泥、杂物，保持整个排水系统的通畅。

3）对排水沟局部断裂、松动、裂缝和损坏，可采用水泥砂浆修补，并做好修补后的养护工作。

4）若排水沟的基础发生冲刷破坏，应先恢复基础后修复排水沟；基础修复时，垫层应使用同一种类的材料，并应严格夯实。

5）检查并及时修补坝端岸坡上修筑的截水、导流、防滑建筑设施，防止泥沙淤塞坝体排水沟和坝趾导渗排水设施。

（5）坝基和坝区养护：

1）对坝基和坝区管理范围内发生的一切违法违规行为和事件，应立即制止并纠正。

2）设置在坝基和坝区范围内的排水、观测设施和绿化区，应保持完整、美观，无损坏现象。

3）当发现坝区范围内有白蚁活动现象时，应按土坝白蚁防治的相关要求进行治理。

4）当发现坝基范围内有新的渗漏逸出点（在不很严重的情况下，比如散浸等）时，应在查明原因之后再行处理，必要时可设置观测点进行跟踪观测。

2. 放水建筑物养护

（1）卧管（竖井）：

1）汛前完成对卧管沿线两岸山坡出现的滑坡、塌方等隐患的处理工作，及时清理卧管上堆积的坍塌土方，保持放水便道通畅。

2）当卧管盖板出现较小裂缝时，可灌注水泥砂浆或速凝混凝土；若缝隙稍宽，应首先沿裂缝处开凿一道小沟槽，用清水清理干净，再用水泥砂浆填实。盖板发生断裂时，应及时更换。

3）淤积面以上的排水孔应保持通畅，发生堵塞时应及时清理，孔塞缺失时应及时补齐。

4）每次洪水到来之前，在预估可能达到的最高水位处预先开启设计数量的放水孔，其余放水孔全部关闭。蓄洪之后，根据淤地坝运行管理和设计要求，向下逐步开启放水孔放水。放水时要严格控制放水流量，不得超过设计值。

5）卧管（竖井）的高度应始终保持高于最高洪水位。通气孔应保持通畅，不得用于泄水。

（2）涵洞（管）：

1）发现涵洞（管）坝顶及上下游坡面出现塌坑、裂缝、洇湿或漏水现象时，应进洞检查，探明原因。对于洞内较小的非贯穿性裂缝、洞壁表层灰浆脱落、浆砌块石局部松动等损坏部位，可采用水泥砂浆或速凝混凝土进行修补；若发生较大的贯穿性裂缝、断裂、错位、地基局部塌陷等问题，应及时上报主管部门，请专业施工队伍进行修理。

2）涵洞（管）放水期间，要倾听洞内有无异常声音，观察涵洞（管）出口水流浑浊变化及流态变化是否正常；若发现异常情况，应立即关闭放水孔或减小放水流量，同时将情况上报主管部门进行处理。

3）涵洞（管）出口应保持通畅，及时清理涵洞（管）出口和消力池内的堆积物。

4）当涵洞（管）出口基础部位出现较小的回水淘刷时，可将基础部位用块石和砂石填塞、捣实，并在周围用块石或沙袋进行围护。

3. 溢洪道养护[22]

（1）应在汛前完成对溢洪道沿线两岸山坡出现的滑坡、塌方等隐患的处理工作，及时清理溢洪道内堆积的坍塌土方、碎石、杂物等。

（2）当溢洪道出现较浅、较短的非贯穿性裂缝时，可参照放水建筑物裂缝的修补方法及时修补。

（3）溢洪道底板排水孔发生堵塞时应进行疏通。

（4）当溢洪道出口基础部位出现较小的回水淘刷时，可参照涵洞（管）基础淘刷的处理方法进行修补。必要时可修筑挡水墙和齿墙，封堵水流行进路线。

4.4.4.2 淤地坝的维修

1. 坝体裂缝修理[19,22]

（1）对于表面干缩、冰冻裂缝，以及宽度为1～2cm、深度小于1m的裂缝，可只进行缝口封闭处理。

（2）对于裂缝宽度为大于2cm、深度不大于3m的沉降裂缝，待裂缝发展稳定后，可采用开挖回填方法修理。

（3）对于裂缝较深、数量较多，内部裂缝，或者土坝施工时碾压不实、开挖有困难等情况，可采用充填式黏土灌浆法。

（4）对于中等深度的裂缝，特别是对于以蓄水为主的骨干坝，当水位较高，不宜采用开挖回填法处理时，可采用上部开挖回填与下部灌浆相结合的方法处理。

2. 坝体渗漏处理

（1）坝体渗漏处理应按照"上堵下排"的原则，在上游坝坡采取防渗措施，堵截渗漏途径；在下游坝坡采取导渗措施，将坝体内的渗水导出。

（2）上游截渗常用的方法有填土覆盖法、土工膜截渗法等，下游导渗排水则可采用反滤层导渗沟等方法。

1）填土覆盖法。填土覆盖法适用于渗漏部位明确且高程较高的均质坝和斜墙坝。采用填土覆盖法施工时库水位必须降至渗漏通道高程以下 1m。将覆盖层范围挖去，一般采用黏土回填，回填宽度一般为 0.2～0.5m，宽度不小于最大蓄水深度的 1/10，坝坡削成阶梯状。回填土应分层夯实，每层厚度为 0.10～0.15m，要求压实厚度为铺土厚度的 2/3。

2）土工膜截渗法。土工膜截渗法适用于均质土坝和斜墙坝，铺设在上游坝坡。土工膜厚度选择应根据承受的水压力来确定。承受 30m 以下的水头，选用非加筋聚合物土工膜，铺设总厚度为 0.3～0.6mm；承受 30m 以上的水头，宜选用复合土工膜，厚度不小于 0.5m。

土工膜铺设范围应超过渗漏范围上、下、左、右各 2～5m。铺设前应进行坡面处理，首先拆除铺设范围内的护坡，彻底清除杂草、树根，将坝坡表层挖除 0.3～0.5m，将坡面修整平顺，塌陷、松软等薄弱部位补夯密实。土工膜连接一般采用焊接、胶合剂黏结、双面胶布粘贴等。

3）反滤层导渗沟法。导渗沟布置可采用 Y、W、I 等形状。沟内按照反滤要求分层回填砂砾石料，填料顺序按粒径由小到大、由周边到内部，填成封闭的棱柱体。不同粒径的滤料要严格分层填筑，不得混淆；也可以用土工布包裹着砂砾石或者砂卵石，形成封闭的棱柱体。

3. 坝体滑坡修理[19,22]

滑坡的修理应根据滑坡产生的原因和坝区具体情况，有针对性地采用开挖回填、加培缓坡、压重固脚、导渗排水等方法进行综合治理。

（1）开挖回填法。应彻底挖除滑坡体上部已松动的土体，再按照设计坝坡线分层回填夯实。当滑坡体体积很大，不能全部挖除时，可将滑弧上部能利用的土体移做下部回填土方，回填时由下至上分层回填夯实。开挖时，对未滑动的坡面按照临时开挖边坡稳定要求放足开口线。回填时，应将开挖坑槽时阶梯逐层削成斜坡，做好新老土的结合，临时开挖稳定边坡的坡度控制在 1∶1.0～1∶1.5。

（2）加培缓坡法。加培缓坡法适用于坝体单薄、坝坡过陡而引起的滑坡。修理时，应将滑动土体上部进行削坡，开挖清除滑坡体，按放缓的坝坡加大断层，分层回填夯实。

（3）压重固脚法。压重固脚法适用于滑坡底部脱离坝脚的深层滑动情况。压重固脚常有镇压台和压坡体两种形式，应当根据土料、石料等具体情况采用。镇压台或压坡体沿滑坡段全面铺筑，并伸出滑坡段两端 5～10m。一般石料镇压台的高度为 3～5m，压坡体的高度一般为滑坡高度的 1/2 左右，边坡坡度为 1∶3.5～1∶5.0。当采用石料压坡体时，应先铺筑一层厚 0.5～0.8m 的砂砾石反滤层，再回填压坡体土料。

（4）导渗排水法。导渗排水法适用于水体时效、坝坡土体饱和而引起的滑坡。导流沟的布置和要求除按照有关标准执行外，导流沟的下部还须伸到坝坡稳定的部位或坝脚，并与排水设施相通。导渗沟之间滑坡体的裂缝必须进行表层开挖、回填封闭处理。

4. 坝基渗漏处理[19,22]

（1）防渗铺盖法。修建上游防渗铺盖时，要求水库具有放空条件。铺盖的长度应满足渗流稳定的要求。对于砂料含量较少、透水性较大的地基，应先铺筑反滤层，再回填铺盖土料。铺盖土料应选用相对不透水的土料，其渗透系数应为地基砂砾石层的 0.01 倍以下。

（2）防渗墙法。采用修建防渗墙处理坝基渗漏的方法适用于均质土坝、黏土心墙、斜墙坝。防渗墙施工应在水库放空或者低水位条件下进行。防渗墙应与坝体防渗体连成整体。

（3）高压喷射灌浆法。高压喷射灌浆法适合于对最大工作深度不超过 40m 的软弱土层、砂层、砂砾石层地基渗漏的处理，也可以用于含量不多的大粒径卵石层和漂石层地基渗漏的处理，但在卵石、漂石层过厚、含量过多的地层不宜采用。

高压喷射灌浆法的施工按照布孔、钻孔、安装喷射装置、制浆、喷射、定向、摆动、提升、成板墙、冲洗、静压灌浆、拔套管、封孔的工艺流程进行。

5. 坝体加高

（1）坝体加高应通过调查，了解该坝在坝系中的作用、效益和发展需要，分析坝体加高的必要性；根据其在坝系中所处的位置、工程规模、运行状况等情况，分析加高的可行性，确定计划运行年限；然后根据工程的等级与结构，确定其设计标准与加高方案。

（2）坝体加高设计，在已经形成坝系的沟道，除了专门的防洪库容外，一般每次加高的幅度控制在 10m 以下，并应同时考虑放水建筑物和溢洪道的改建问题，最好一次设计到位。

（3）淤地坝加高可根据工程现状与运用条件，采用坝后式加高、坝前式加高和骑马式加高三种形式，如图 4.13[6] 所示。

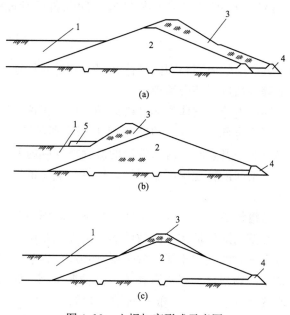

图 4.13　土坝加高形式示意图
（a）坝后式；（b）坝前式；（c）骑马式
1—坝前淤积层；2—旧坝体；3—加高体；4—排水反滤体；5—盖重体

大多数情况下，淤地坝的库容会被淤泥所占用，从而无法满足防洪库容安全要求。综合比较以上三种坝体加高形式，在坝前淤泥面上直接加高坝体的坝前式是比较经济的方案，也是最常用的方案。

因受到坝址地形、放水建筑物和溢洪道位置等因素的影响，不宜采用坝前式加高方案时，可以考虑骑马式。坝后式是在坝下游坡上加高坝体，与前两种方案比较，其加坝工程量较大，但最有利于坝体稳定。采用坝后式还应考虑坝体排水问题，一般要求另设排水反滤体，并与原反滤体相通；也可以将原坝体反滤体拆除，经清洗后重新利用。

4.4.4.3　放水建筑物的维修[19,22]

1. 裂缝修补

放水建筑物出现裂缝的主要原因：一是卧管沿线山体发生崩塌、滑坡，埋压建筑物造成破坏；二是基础处理不好，发生不均匀沉降；三是施工质量差，造成局部松动、灰浆脱落；四是涵管接头处止水圈破损或止水不严、浆砌石涵洞伸缩沉降缝止水破损等。裂缝的修补针对不同的原因采用相应的处理方法。

对于山体崩塌、滑坡造成的卧管破裂，在修补之前应先清除塌陷堆积物，并对岸坡进行处理。一般采用削坡、修建挡土墙等方法。由地基不均匀沉降导致的涵洞塌陷，应首先对地基进行处理，一般方法是拆除损坏部位的涵洞破碎部分，将软弱的基础挖开，按照涵洞基础施工的要求，回填夯实基础，铺设反滤料，使之满足地基设计承载能力的要求，然后采用浆砌石重新修补破损部位，或者更换混凝土涵管。

2. 断裂修补

（1）混凝土涵管断裂的修补方法。对于因出现较大范围的基础不均匀沉陷而导致的混凝土涵管断裂，若断裂发生在进口位置，可直接开挖坝体，挖除松软的基础部分，用三合土分层填筑夯实，然后修补或者更换混凝土涵管。若断裂发生在混凝土涵管内部，开挖工程量过大，因管径较小，不适宜内部修理，一般采用另建涵管的方法。

（2）浆砌石卧管、涵洞的修补方法。浆砌石卧管、涵洞发生断裂的修补，当卧管或者涵洞的进出口部位发生断裂，土方开挖量不大时，一般采用开挖、回填、修补的方法；当断裂发生在涵洞内部时，一般采用局部开挖、回填、修补的方法。

3. 卧管（竖井）加高

（1）卧管（竖井）加高的方式受坝体加高后坝脚线位置的影响。当卧管（竖井）进水口距离坝轴线较远，位于加高后坝的坡脚线以外，且地形、地质条件允许时，一般多采用直接加高的方法，即将原卧管（竖井）延伸加高，如图 4.14（a）、（b）所示。

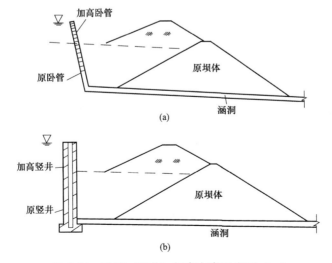

图 4.14　卧管（竖井）加高方案示意图（一）

（a）卧管原位置加高；（b）竖井原位置加高

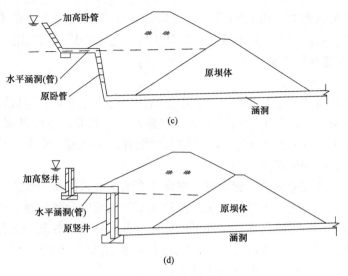

图 4.14　卧管（竖井）加高方案示意图（二）

（c）卧管延长加高；（d）竖井延长加高

（2）当卧管进水口位于加高后坝体坡脚以内时，一般采用增建涵洞（涵管）、加高卧管（竖井）的方法，如图 4.14（c）、（d）所示，即在原卧管（竖井）进口处新建一段水平涵洞（管），其进口应伸出设计加高坝体坡脚线以外，然后修建卧管（竖井）。

4.4.4.4　溢洪道的维修[19,22]

1. 裂缝处理

（1）溢洪道一般采用浆砌石或者混凝土修筑，如果是因高速水流冲刷导致的局部破坏，可先清理破损面，再用抗冲耐磨的材料修补。

（2）对于因基础滑动导致的裂缝，可采用增设防滑齿墙的方法。

2. 基础塌陷

（1）对于基础发生不均匀沉降导致的溢洪道局部塌陷破坏，应首先修复基础，再处理裂缝。

（2）对于溢洪道出口部位因下游水流回水淘刷导致的基础破坏，或因溢洪道两侧坡面汇集的雨水淘刷导致的基础破坏，应首先恢复基础，再修复破损部分，并采取必要的防护措施。主要的防护措施有：在水流淘刷部位增建护坡和截水墙，增建排水沟将坡面雨水排走。

（3）对于溢洪道陡坡或者消力池护坦因松软、扬压力、水跃产生不平衡水压力等因素而导致的损坏，可采用在底板上增加钢筋混凝土防护层、增加底板厚度、用现浇混凝土代替浆砌石等措施进行修理，并应在底板上布设排水孔，改善基础反滤层的排水能力，提高底板在扬压力作用下的稳定性。

3. 增设消能设施

当溢洪道出口距坝趾不远，下泄水流流速高、冲刷力大，或下游沟道有防冲要求时，应增设消能设施。淤地坝最常采用的消能方式有底流消能和挑流消能两种。

（1）当溢洪道出口较低且与沟底高差较小时，一般可采用底流消能方式，即在陡坡段末端布置消力池来进行消能。

（2）当溢洪道出口较高且与沟底高差较大，而且陡坡段末端有布置挑流鼻坎的适宜地形和地质条件时，可采用挑流消能形式，即在陡坡段末端布置挑流鼻坎来进行消能。

4. 溢洪道改建

若受坝体加高的影响，导致溢洪道进水口抬高，此时为了保证溢洪道能够正常使用和运行，应进行溢洪道改建。溢洪道改建应尽可能利用旧的溢洪道，一般有以下几种方式：

（1）加长抬高进口；

（2）加高旧溢洪道；

（3）延长旧溢洪道口；

（4）选址另建。

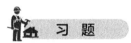思 考 题

1. 淤地坝、水坠坝、管涌、流土、接触冲刷、接触流土的概念。
2. 淤地坝的作用。
3. 淤地坝枢纽布置设计的一般原则。
4. 淤地坝施工的技术特征。
5. 淤地坝运行管理模式。
6. 淤地坝的运行方式。
7. 淤地坝坝体渗漏处理的方法。
8. 放水建筑物出现裂缝的主要原因及裂缝的修补方法。

习 题

1. 某淤地坝库容曲线见表 1。取坝前滞洪库容为 $52.67\times10^4\mathrm{m}^3$，拦沙库容为零。试计算确定该淤地坝的坝顶高程。

表 1　　　　　　　　　水位 h-水面面积 S-库容 V 表

水位 h（m）	水面面积 S（万 m²）	总库容 V（万 m³）
1135.24	0	0
1136.00	2.31	1.75
1137.00	3.91	5.63
1138.00	6.29	11.89
1139.00	8.62	20.41
1140.00	10.01	30.39
1141.00	11.00	43.33
1142.00	12.00	56.21
1143.00	14.75	68.01

2. 某淤地坝卧管台阶高 0.5m，每台设一孔，按同时开启两孔放水考虑，取放水流量为 $0.34\mathrm{m}^3/\mathrm{s}$，试计算确定卧管放水孔直径。

参 考 文 献

[1] 黄河上中游管理局. 淤地坝概论 [M]. 北京：中国计划出版社，2004：8，10-18，20-26.

[2] 邹兵华. 黄土高原小流域淤地坝控制坡沟系统土壤侵蚀的作用研究 [D]. 西安：西安理工大学，2009：3-8.

[3] 高照良. 基于土地利用变化的淤地坝坝系规划研究 [D]. 杨凌：西北农林科技大学，2006：4-6.

[4] 缑锋利. 延安地区小流域淤地坝工程设计与实践 [D]. 西安：西安建筑科技大学，2012：19-25.

[5] 张勇. 淤地坝在陕北黄土高原综合治理中地位和作用研究 [D]. 杨凌：西北农林科技大学，2007：4-9.

[6] 中华人民共和国水利部. 水土保持治沟骨干工程技术规范：SL 289—2003 [S]. 北京：中国水利水电出版社，2003.

[7] 中华人民共和国国家质量监督检验检疫总局，中国国家标准化管理委员会. 水土保持综合治理技术规范沟壑治理技术：GB/T 16453.3—2008 [S]. 北京：中国标准出版社，2009.

[8] 西安理工大学水利水电学院. 十八亩台骨干坝除险加固工程初步设计报告 [R]. 2015.

[9] 黄河中上游管理局. 淤地坝规划 [M]. 北京：中国计划出版社，2004：10-18，23-30，36-39，50.

[10] 黄河上中游管理局. 淤地坝设计 [M]. 北京：中国计划出版社，2004：7-18，25-36，159-176，206-226.

[11] 林继镛. 水工建筑物 [M]. 北京：中国水利水电出版社，2008：229-231，233-246.

[12] 黄河上中游管理局. 淤地坝施工 [M]. 北京：中国计划出版社，2004：3-9，63-81，145-149.

[13] 吴伟. 淤地坝设计技术和泥沙淤积进程研究 [D]. 杨凌：西北农林科技大学，2010：17-21.

[14] 黄河上中游管理局. 淤地坝管理 [M]. 北京：中国计划出版社，2004：4-7，25-28.

[15] 秦鸿儒，贾树年，付明胜. 黄土高原小流域坝系建设研究 [J]. 人民黄河，2004，6 (1)：33-36.

[16] 秦鸿儒，刘正杰，陈江南. 黄土高原地区淤地坝运行管理调查研究 [J]. 人民黄河，2004，26 (7)：25-27.

[17] 许国平，郭文元. 淤地坝管理运行中的几个问题及对策 [J]. 中国水土保持，1996 (4)：55-56.

[18] 刘寻续，马良军，杨琳. 淤地坝建设和运行管理体制探讨 [J]. 中国水土保持. 2006 (5)：30-31.

[19] 王银山，王顺英，田安民. 淤地坝运行管理技术手册 [M]. 郑州：黄河水利出版社，2013：76-78，90-102.

[20] 张晓明. 黄土高原小流域淤地坝系优化研究 [D]. 杨凌：西北农林科技大学，2014：45-56.

[21] 杨红新. 黄土高原多沙粗沙区淤地坝系空间布局优化研究 [D]. 开封：河南大学，2007：12-16.

[22] 中华人民共和国水利部. 土石坝养护维修规程：SL 210—2015 [S]. 北京：中国水利水电出版社，2015.

第 5 章 垃 圾 坝

5.1 概 述

垃圾坝是指建在垃圾填埋库区汇水上下游或周边,由土石料或混凝土等材料筑成,通过拦挡以形成垃圾填埋场初始库容的堤坝[1,2]。

5.1.1 垃圾坝的发展和研究综述[2-7]

早期的生活垃圾填埋方式主要以简单堆放为主,该方式不能有效地控制环境的污染。直到 20 世纪 30 年代,美国才首次提出了"卫生填埋"的概念并开始应用。日本和德国也在 20 世纪 70 年代开展了卫生填埋技术的研究和工程应用。

我国的卫生填埋技术起步较晚,始于 20 世纪 80 年代末。1988 年建设部颁布了我国第一部卫生填埋技术标准——《城市生活垃圾卫生填埋技术标准》(CJJ 17—1988),该标准的颁布标志着我国正式迈入了以无害化处理为特征的卫生填埋阶段。经过 30 余年的发展,我国的生活垃圾卫生填埋技术取得了显著的进步,国外先进技术的引进、大型企业的介入、新型材料及设备的运用、污染控制标准的提高等都加速了我国卫生填埋技术的发展。

我国在 2004 年颁布的《生活垃圾卫生填埋技术规范》(CJJ 17—2004)对生活垃圾填埋场的建设和污染防治发挥了积极的作用。据统计,2008 年我国设市城市建设有 509 座生活垃圾处理设施,其中填埋场 407 座,处理方式以填埋为主。2001~2008 年我国城市生活垃圾处理设施数量及规模统计见表 5.1[7]。

表 5.1 中数据表明的填埋数量近几年持续下降,主要是由于小填埋场和简易填埋场的陆续关闭,但是垃圾填埋总量仍持续上升,同时填埋场平均规模不断增大。

表 5.1 **我国城市生活垃圾处理设施数量及规模统计(2001~2008 年)**

年份	处理厂(场)数(座)				处理能力(t/日)			
	合计	填埋	堆肥	焚烧	合计	填埋	堆肥	焚烧
2001	741	571	134	36	224736	192755	25461	6520
2002	651	528	78	45	215511	188542	16798	10171
2003	574	457	70	47	218603	187092	16511	15000
2004	559	444	61	54	238143	205889	15347	16907
2005	469	356	46	67	255862	211085	11767	33010
2006	413	324	20	69	256098	206626	9506	39966
2007	449	366	17	66	267751	215179	7890	44682
2008	495	407	14	74	315153	253268	5386	51606

尽管近年来我国生活垃圾填埋场建设取得了较大的进步,但是也存在很多问题。在垃圾坝设计和建设上没有统一的标准与要求,在填埋场投资上存在较大差异,对城市生活垃圾产量的预测与填埋库容的计算精确度不高,造成了一些不必要的浪费。长期以来,许多学者针

对上述问题，尤其是垃圾坝设计和建设的一些关键技术问题开展了大量的研究，并取得了一批有良好应用价值的成果。

丁韵[8]等学者对垃圾卫生填埋场中常用的两种垃圾坝的适应性进行了分析，对结构设计和计算中的主要要素进行了总结。研究表明，垃圾坝坝址选择中要充分考虑地形、地质条件，以减小垃圾坝的工程量；同时，根据地质条件、库容要求及筑坝材料的料源情况选择合适的坝型，以减少垃圾坝的工程投资。土石坝具有就地取材、对坝基适应性强、施工机械化程度较高、综合造价相对较低等优点，在填埋库区的库容相对宽裕或坝址附近土料充足的情况下，可优先考虑采用土石坝。渗滤液高程和垃圾堆体计算参数对垃圾坝的稳定和应力影响较大，如何合理选取渗滤液高程和垃圾堆体计算参数，还有待进一步探索和研究。

涂帆[9]等学者针对设垃圾坝卫生填埋场沿填埋场侧壁、底部及垃圾坝背部和沿填埋场侧壁、底部及垃圾坝底部这两种平移破坏模式，提出了平移破坏的统一分析模型。该模型将滑移体分为主动、中间和被动三个楔体，通过对各个楔体的极限平衡分析，建立方程计算填埋场平移破坏安全系数。该模型既能考虑垃圾坝断面形状、垃圾坝背部与垃圾体作用力方向和复合衬垫系统界面的黏聚力等因素对平移破坏的影响，克服了有些模型对这些条件的限制，也能用于不设垃圾坝填埋场的平移破坏分析。根据设垃圾坝填埋场平移破坏分析结果，还可对垃圾坝断面进行优化设计。

薛强[10]等学者基于多孔介质流体动力学理论，建立了降雨条件下垃圾填埋体内水分传输的流-固耦合模型，并采用交替有限差分方法给出了耦合模型的数值格式；通过开发的计算程序，模拟了降雨条件下垃圾坝体范围内孔隙水压力和流速分布情况。数值模拟的结果表明：持续的降雨会加大对孔隙介质的载荷作用，填埋介质被压缩，使土壤颗粒间基质吸力减少，导致水流渗透率降低。同时，填埋介质变形影响了孔隙水压力和水流速的分布规律。因此，在垃圾坝体稳定性分析研究中，渗流场和应力场的耦合效应不能忽略，其研究可为评价垃圾坝体的稳定性及预测预报坝体滑坡提供技术支持。

冯世进[11]、高登[12]、阮晓波[13]等学者为研究垃圾坝和界面强度对填埋场沿底部衬垫系统滑动的影响，将填埋场分为主动楔体、被动楔体和垃圾坝三个部分，对其进行极限平衡分析，建立平衡方程，求解填埋场的安全系数，并给出安全系数的近似解，使得填埋场沿背部、底部及垃圾坝内坡处衬垫界面的三折线型滑动分析大为简化。同时，利用可靠度分析方法，将垃圾土重度、内摩擦角及黏聚力视作随机变量并且服从独立正态分布，通过一次二阶矩法可以得到垃圾填埋场边坡稳定性的可靠度指标。

毛荣浪[14]、段韬[15]等学者对垃圾坝的结构设计、安全等级的确定、抗震能力的划分以及部分参数的计算进行了探讨，总结出垃圾坝目前主要有两种形式：重力式和柔性式，重力式以砌石坝为代表，柔性式主要以碾压式土石坝为代表。重力式大坝主要是利用大坝自重来提高大坝的坐地能力，进而提高大坝的稳固；碾压式土石坝等柔性坝主要是通过碾压设备来提高大坝填料的抗剪强度，从而提高大坝坝坡的稳定。同时，总结了垃圾坝结构设计中的以下问题：垃圾土的物理力学参数及垃圾土与墙背的摩擦角的取值；垃圾坝的抗滑稳定计算问题；计算时是否考虑渗滤液的作用以及结构材料的选取等。

5.1.2　垃圾坝的作用[8,15]

垃圾坝在填埋场中的作用非常重要，垃圾坝可以实现截洪，雨污分流，防止大雨将垃圾冲出填埋区，有序引排填埋区渗滤液和兼作场内外联系通道，维持填埋区内垃圾堆体稳定，增加填埋有效容量等。在卫生填埋场工程总造价中，垃圾坝通常占 25%～40%。

5.1.3　垃圾坝的分类[16,24]

在填埋场建设中，垃圾坝的坝址、坝高、筑坝材料都对垃圾坝的稳定性、投资及填埋场的库容等有重要影响。因此，对于垃圾坝分类，可从坝址、坝高、筑坝材料几个方面来对其进行综合考虑。

5.1.3.1　按填埋场布置特征进行分类

按垃圾填埋场布置特征的不同，垃圾坝可分为以下几类[16]：

（1）平原型库区的垃圾坝：为了形成库容，坝体一般长度较长、高度较低，填埋堆高不高，坝体受力不大。

（2）山谷型库区的垃圾坝：填埋场选址多为三面环山，坝体多建于山谷出口一端，截污以形成库容；或建于峡谷两端，上端垃圾坝用于截水，下端垃圾坝用于截污，此类坝体截水坝需参照水利工程进行一定的防渗处理，由于山谷型填埋场堆高较高，下端截污坝受力较大，对稳定性要求较高。

（3）库区上游截水坝：用于抵挡洪水，并对洪水导流，也称导流坝。

（4）库区下游坝：位于库区与调节池之间，在形成库容的同时形成调节池的库容。由于坝体上游面受到垃圾的压力，且下游面支撑力较弱，这类坝体若遭受破坏，损失较重，故对稳定性要求较高。

（5）分区坝：对库区进行分区的垃圾坝，作为库区临时分界线，高度一般较低，为 2～5m。一般为黏土坝，后期会随着填埋作业被填埋，故其作为临时坝体对稳定性要求不高。

5.1.3.2　按坝高进行分类

《碾压式土石坝设计规范》（SL 274—2001）中对土石坝进行了分类，规定土石坝按其高度可分为低坝、中坝和高坝，高度在 30m 以下为低坝，高度在 30～70m 为中坝，高度在 70m 以上为高坝[16]。

通过对各地填埋场坝体进行调查统计，发现高度在 5m 以上、15m 以下的坝体较多，15m 以上的较少，5m 以下的坝体多数为平原地区的圩堤。

5.1.3.3　按筑坝材料进行分类

根据筑坝材料不同，垃圾坝可分为黏土坝、土石坝、浆砌石坝及混凝土坝[24]。根据对国内百余座垃圾坝的统计结果，黏土坝和土石坝在国内使用得相对较多，而浆砌石坝和混凝土坝使用得则相对较少。

5.2　垃圾坝工程设计

现行的垃圾坝设计规范为《生活垃圾卫生填埋处理技术规范》（GB 50869—2013）[1]。本节将主要依据该规范进行相关内容的介绍。

5.2.1　枢纽布置设计[1]

垃圾坝坝址的选择由许多因素决定，如环境因素、稳定因素、经济因素等。环境因素是指工程地质和水文地质条件是否适合垃圾坝的布置；稳定因素是指垃圾坝本身具有很大的重量，因此需要有稳定的地质来承重；同时，垃圾堆体对垃圾坝的推力也非常大，因此垃圾坝的坝址选择对于坝体稳定性和经济性具有很重要的作用。

坝址选择应根据场地工程地质、水文地质及地形等方面的资料，结合垃圾坝坝型要求进行多方案比较。

垃圾坝枢纽布置设计的一般原则为：

（1）填埋场选址前应先收集下列基础资料：

1）城市总体规划、区域环境规划、城市环境卫生专业规划及相关规划；

2）土地利用价值及征地费用，场址周围人群居住情况；

3）地形、地貌及相关地形图，土石料条件；

4）工程地质与水文地质；

5）洪泛周期（年）、降水量、蒸发量、夏季主导风向及风速、基本风压值；

6）道路、交通运输、给排水及供电条件；

7）拟填埋处理的垃圾量和性质、服务范围和垃圾收集运输情况；

8）城市污水处理现状及规划资料；

9）城市电力和燃气现状及规划资料。

（2）填埋场不应设在下列地区：

1）地下水集中供水水源地及补给区；

2）洪泛区和泄洪道处；

3）填埋库区与污水处理区边界距居民居住区或人畜供水点500m以内的地区；

4）填埋库区与污水处理区边界距河流和湖泊50m以内的地区；

5）填埋库区与污水处理区边界距民用机场3km以内的地区；

6）活动的坍塌地带，尚未开采的地下蕴矿区、灰岩坑及溶岩洞区；

7）珍贵动植物保护区和国家、地方自然保护区；

8）公园，风景、游览区，文物古迹区，考古学、历史学、生物学研究考察区；

9）军事要地、基地，军工基地和国家保密地区。

（3）填埋场选址应符合《生活垃圾填埋污染控制标准》（GB 16889）和相关标准的规定，并应符合下列要求：

1）当地城市总体规划、区域环境规划及城市环境卫生专业规划等规划要求；

2）与当地的大气防护、水土资源保护、大自然保护及生态平衡要求相一致；

3）库容应保证填埋场使用年限在10年以上，特殊情况下不应低于8年；

4）交通方便、运距合理；

5）人口密度、土地利用价值及征地费用均较低；

6）位于地下水贫乏地区、环境保护目标区域的地下水流向下游地区及夏季主导风向下风向；

7）选址应由建设项目所在地的建设、规划、环保、环卫、国土资源、水利、卫生监督等有关部门和专业设计单位的有关专业技术人员参加。

由于垃圾坝的技术经济指标与筑坝材料、运输条件及坝体工程量等密切相关，因此坝址选择还应考虑以下因素：

（1）有无充足的适宜筑坝的土石料。

（2）坝址处的地震烈度和气候条件（严寒期长短、气温变幅、雨量和降雨天数等）。

（3）有无通向工地的交通线；如铺设各种道路的可能性，包括施工期间直达坝址、运行期间经过坝顶的通路。

（4）在其他条件相同的情况下，大坝应布置在最窄位置处，以减少坝体工程量。但若地基的地质条件有严重缺陷，则布置在宽而基础好的坝址处在经济上通常更为合理。

针对不同的场地类型，坝址选择还应考虑不同的地形等条件：

（1）山谷型场地：坝址可选择在谷地（填埋库区）的谷口和标高相对较低的垭口或鞍部。

（2）平原型场地：可根据所需库容，按环库区一周形成库容来考虑，将坝建在地质较好的地段。

（3）坡地形场地：坝址可选择在地势较低的地段，与较高处的地形连接以形成库容。

5.2.2　坝高的选择[16,17]

康建邨和张宁的研究[17]中指出：坝体高度受到填埋库容、垃圾堆体坡率、库区的形状和山体高度、地质条件及工程造价的影响。同时，虽然增加坝高可以达到增加库容的目的，但是通过增加坝高来增加库容的方式是有限制的，当坝高达到一定程度时，库容增加带来的坝体稳定性将变差，且成本增加，而且坝体高度的增加也要求较好的地质条件来满足。所以，坝体的高度需要通过一定的经济核算来确定。

坝高设计方案应综合考虑垃圾堆体坡脚稳定、形成较大的填埋堆体库容、调节渗滤液的流出量及建设投资合理性等因素，经技术经济比较确定。

目前，国内对于 10m 以上的坝体设计需进行专门讨论，论证其技术可行性和经济合理性。对国内填埋场库容、垃圾坝坝高、垃圾坝成本三者之间进行统计，发现坝高在 10m 左右为一个临界值，即当坝高小于 10m 时，由于其筑坝成本和安全性小于增大库容所带来的经济性，可以根据实际库容需要进行加高；当坝体高度在 10m 以上时，由于其筑坝成本和安全性大于增大库容所带来的经济性，此时增加的坝高需进行合理分析。

5.2.3　坝型的选择[17,24]

垃圾坝坝型的选择对于保证填埋场稳定、降低工程造价具有重要意义。坝型选择通常应综合考虑以下几个因素：

（1）坝址基岩、覆盖层特征及地震烈度等地形地质条件。康建邨和张宁的研究中指出，重力坝一般对地基承载力要求在 300kPa 以上，而土石坝由于受力面积较大，对承载力要求不高。同时他们还建议，若坝基土层厚度在 5m 以上，当岩层埋藏较深时，可考虑建造土石坝。

（2）筑坝材料的种类、性质、数量、位置和运输条件；对于石料充裕的地区，可优先考虑砌石坝，若运输条件较有限，则应对坝型所需造价进行经济分析。

（3）施工导流、施工进度与分期、填筑强度、气象条件、施工场地、运输条件和初期度汛等施工条件；对于坝型的选择，除了考虑材料和地质条件外，还需重点考虑当地的气候条件和施工习惯；对于雨季较长雨量较多的地区，应尽量避免采用土坝。对于当地从未采用过或者当地还不成熟的施工方法，应慎重选择。

（4）由于土石坝对坡度要求不大于 1∶2，故在地基情况较好的情况下，高坝宜采用混凝土坝，可减少坝基的开挖面积和土方量；低坝、中坝可根据实际情况选择。

（5）考虑总体布置、坝基处理以及坝体与泄水、引水建筑物等的连接。

（6）坝体总工程量、总工期和总造价。

不同坝型的地基要求高低、占地面积的大小、承受不均匀沉降的能力强弱、安全运行稳定性、运行维护方便性、施工工艺复杂程度、与防渗膜的连接及单位工程造价等的比较见表 5.2[17]。

表 5.2   垃圾坝坝型比较

项目	坝型			
	黏土坝	土石坝	浆砌石坝	混凝土坝
地基要求	低、中	低、中	高	高
占地面积	大	一般	小	小
承受不均匀沉降的能力	强	强	一般	弱
安全运行稳定性	一般	好	好	好
运行维护方便性	方便	方便	方便	方便
施工工艺复杂程序	一般	简单	一般	复杂
与防渗膜的连接	较好	一般	较差	较差
单位工程造价	一般	较低	高	高

5.2.4　筑坝材料及其填筑标准[18,19,24]

筑坝材料的调查和土工试验应分别按照《水利水电工程天然建筑材料勘察规程》（SL 251）和《土工试验规程》（SL 237）的规定执行，应查明坝址附近各种天然土、石料的储量与性质。

由于垃圾坝需要具备不透水性，且坝顶通常有行车道，因此需要较好的稳定性。由于不同垃圾坝类型所需的筑坝材料不同，以下分别按照筑坝土料和筑坝石料来进行筑坝材料及其填筑标准的讨论。

5.2.4.1　筑坝土料

坝体材料的选择十分重要，土料的抗剪强度、渗透性等对坝体稳定性有直接的影响。汪益敏和苏卫国[18]的研究中指出，对于同一边坡，采用不同的计算方法进行计算时边坡的安全系数有所不同，因此选取适当的抗剪强度指标来分析和计算边坡的稳定性十分必要。

对于自然形成的黏性土、非黏性土，均可作为碾压式土石坝的筑坝材料；而料场开采或枢纽建筑物的开挖料，原则上均可直接或经处理后作为筑坝材料，同时要求筑坝土料应有较好的塑性和渗透稳定性，在浸水与失水时体积变化较小。

除此之外，还应考虑就近就地取材的原则，减少弃料；考虑到填埋场的土方平衡，可优先考虑库区、建（构）筑物地基开挖料的利用，但选用的土料其性质或经加工处理后须满足工程筑坝材料的要求，并具有长期的稳定性。

筑坝土料不得采用：
（1）含树根、草皮、淤泥土、耕植土，遇水崩解、膨胀的一类土；
（2）膨润土、沼泽土；
（3）硫酸盐含量在 2% 以上的土；
（4）未全部分解的有机质（植物残根）含量在 5% 以上的土；
（5）已全部分解的处于无定形状态的有机质含量在 8% 以上的土。

塑性指数大于 20 和液限大于 40% 的冲积黏土、开挖或压实困难的干硬黏土、冻土和分散性的黏土不宜作为筑坝材料。

5.2.4.2　筑坝石料

土石坝和浆砌石坝中用到的石料应满足以下要求：粒径大于 5mm 的颗粒含量不大于 50%；最大粒径不宜大于 150mm 或铺土厚度的 2/3；0.075mm 以下的颗粒含量不应小于 15%。填筑时不得发生粗料集中架空现象；人工掺合砾石土中各种材料的掺合比例应经试验论证；当采用含有可压碎的风化岩石或软岩的砾石土作筑坝料时，其级配和物理力学指标应按碾压后的级配设计。

料场开采的石料和砾石土均可作为筑坝材料，但应根据材料性质用于坝体的不同部位；采用风化石料和软岩填筑坝体时，应按压实后的级配研究确定材料的物理力学指标，并应考虑浸水后抗剪强度的降低、压缩性增加等不利情况；对于软化系数低、不能压碎成砾石土的风化石料和软岩，宜填筑在干燥区。

含砾和不含砾的黏性土的填筑标准应以压实度和最优含水率作为设计控制指标。设计干密度应以击实最大干密度乘以压实度求得；对于砾石土，应按全料试样求取最大干密度和最优含水率[18]。

5.2.5　坝基处理设计[20-24]

对于垃圾坝坝基处理方式，国内一般只在填埋场场址选择时对地质条件进行一定的要求，对坝体地基也只依照惯例和施工经验进行选择。

国内普遍的做法是参照《建筑地基处理技术规范》（JGJ 79）和《建筑地基基础设计规范》（GB 50007）中对于建筑地基的一些要求，结合坝体的具体特点进行坝基处理设计。

由于受到坝体自重、垃圾堆体推力和渗滤液浸泡的影响，坝基处理应满足渗流控制（包括渗透稳定和控制渗流量）、静力和动力稳定、允许沉降量和不均匀沉降量等方面的要求。竣工后的浆砌石坝坝顶沉降量不宜大于坝高的 1%，黏土坝及土石坝坝顶沉降量不宜大于坝高的 2%。对于特殊土坝基，允许的总沉降量应视具体情况确定。

当坝基为岩基时，应从其表面清除破碎岩屑和堆积在坑洼中的冲积物，然后修平表面，以保证坝体下层有可靠的密实度。勘探平洞和施工的坑道，宜用混凝土或水泥浆回填。在岩基中如有大的构造裂隙，应进行冲洗和回填，并采取措施，使裂隙中未清除出来的充填物应有足够的抗渗强度。

处理低强度、易风化的岩石地基（如泥板岩、粉砂岩、黏土质页岩等）时，应考虑防风化措施。基坑开挖到设计高程时要留一层土暂不开挖，随着清理工作结束，立即在地基上铺一层坝体土料，或做保护层，如抹水洗浆、喷混凝土、涂沥青等。

在喀斯特地区筑坝，应根据岩溶发育情况、充填物性质、水文地质条件、水头大小、覆盖层厚度和防渗要求等研究处理方案。可选择以下处理方法：

（1）大面积溶蚀未形成溶洞的可做铺盖防渗；

（2）浅层的溶洞宜挖除或只挖除洞内的破碎岩石和充填物，用浆砌石或混凝土堵塞；

（3）深层的溶洞，可采用灌浆方法处理，或做混凝土防渗墙；

（4）库岸边处可做防渗措施隔离；

（5）采用以上数项措施综合处理。

5.2.6　坝体断面形式[24]

由于国内目前尚无专门的垃圾坝的设计规范，设计者大多是参考水利工程中的大坝和挡土墙来进行设计，绝大多数坝体断面为等边梯形，但也有不少地方的坝体断面为不对称梯形,如汶川的填埋场垃圾坝,其坝体断面为直角梯形,还有部分采用折线分段式,如阆中填埋场垃圾坝(见图 5.1)[24]。在实际设计中,考虑坝体稳定性和经济造价等因素,一般无固定的坝体断面形式要求。

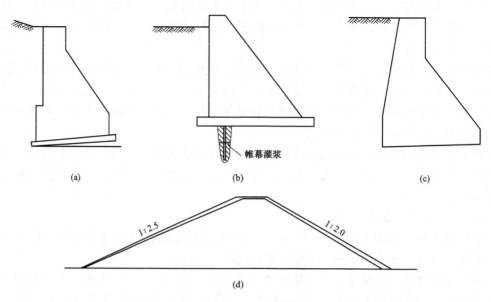

图 5.1　阆中、汶川、眉山、西昌垃圾填埋场垃圾坝坝体断面示意图
(a) 阆中垃圾坝断面示意;(b) 汶川垃圾坝断面示意图;
(c) 眉山垃圾坝断面示意图;(d) 西昌垃圾坝断面示意图

5.2.7　坝坡设计[24]

目前,国内垃圾坝大多采用黏土坝和碾压式土石坝,其边坡坡比一般均不大于 1∶2,这样的坡比更有利于防渗膜的铺设和锚固。

根据工程经验,坝坡设计方案应根据坝型、坝高、坝的等级、坝体和坝基材料的性质、坝所承受的荷载以及施工和运用条件等因素,经技术经济比较确定;在初步设计阶段,土石坝边坡坡度可参照类似坝体的施工和运行经验来确定。可选择几座参数与所涉及大坝最接近,且边坡坡度曾经过充分计算论证的坝体作为类比对象进行设计;对初步选定的坝体边坡坡度,应根据各种作用力、坝体和坝基土料的物理力学性质、坝体结构特征及施工和运行条件,采用静力稳定计算进行验证,必要时还应进行更精确的核算。

当垃圾坝采用混凝土坝时,由于其经济性等原因,坝坡坡比一般均大于 1∶2;当坝基抗剪强度较低,坝体不满足深层抗滑稳定要求时,宜采用在坝坡脚压戗的方法提高其稳定性。

若坝基土或筑坝土石料沿坝轴线方向不相同时,应分坝段进行稳定计算,确定相应的坝坡。当各坝段采用不同坡度的断面时,每一坝段的坝坡应根据该坝段中的最大断面来选择。坝坡不同的相邻坝段之间应设渐变段。

5.2.8　坝顶设计[16,24]

坝顶宽度应根据坝型施工方式(保证能采用机械化作业,通过运输车辆及其他机械)、运行和抗震等因素综合确定[24]。

《碾压式土石坝设计规范》(SL 274—2001)中对土石坝坝顶宽度作出规定:高坝(70m

以上）选用 10～15m，中坝（30～70m）、低坝（30m 以下）可选用 5～10m[16]。结合垃圾坝的一般高度和国内填埋场的通常做法，中坝、高坝坝顶的顶部宽度不宜小于 6m，低坝的坝顶宽度不宜小于 4m。分区坝由于只起临时分区作用，最终会被填埋，且一般不设行车道，因此分区坝的坝顶宽度一般不宜小于 3m。而坝顶设置道路的坝体，则坝顶宜按 3 级厂矿道路设计。

坝顶沿车道两侧应设有路肩或人行道，为了有计划地排走地表径流，坝顶面可向上、下游侧或下游侧放坡。坡度宜根据降雨强度，在 2‰～3‰ 范围内选择，并应做好向下游的排水系统。

坝顶盖面材料应根据当地材料情况及坝顶用途确定，宜采用密实的砂砾石、碎石、单层砌石或沥青混凝土等柔性材料。

中坝、高坝的坝顶两侧应设防护设施，如沿路肩设置备种围栏设施（栏杆、墙等）。

5.2.9　护坡设计[24]

目前国内常用的垃圾坝护坡为砌砖、砌石和草坪护坡等，也有部分填埋场的坝体无任何护坡措施。护坡不仅可以防止水土流失，还能通过防止雨水冲刷，增加坝体的稳定性。因此，凡是裸露在外的坝体，为防止水土流失，均应进行护坡设计。

其中，坝体表面为土、砂、砂砾石等材料时应设护坡，土石坝可采用堆石材料中的粗颗粒料或超径石做护坡；坝体下游护坡材料可选择干砌石、堆石、草皮或其他材料，如土工合成材料；而对于坝体一侧与调节池连接的黏土坝或土石坝应进行护坡，且护坡材料应具有防渗功能。

对于混凝土坝，则可根据实际情况选择护坡。分区坝由于在库区内部，最终被填埋，因此不需要永久性护坡，但分区坝裸露在外的时间一般也有数年，因此可选用草皮或临时遮盖物进行简单护坡。

在坝体设计中，对于坝面为黏土的坝体，若其位于北方地区，为防止其冬天冻结或干裂，导致坝体稳定性降低，还应铺非黏土保护层，保护层厚度（包括坝顶护面）应不小于该地区土层的冻结深度。

5.2.10　坝体与坝基、岸坡及其他构筑物的连接和防渗处理[24]

目前国内填埋场在垃圾坝设计中，对于坝体与周围库区部分的连接处理考虑较少。施工中也是基于一般工程经验进行处理，但一般工程施工大多不需考虑防渗要求，而垃圾坝坝基常年浸泡在渗滤液中，必须进行防渗处理，坝体与岸坡及穿坝管等构筑物连接的地方必须做好防渗连接。

坝体与坝基、岸坡及其他构筑物的连接应妥善设计和处理，连接面不应发生水力劈裂和邻近接触面岩石大量漏水，不得形成影响坝体稳定的软弱层面，不得由于岸坡形状或坡度不当引起不均匀沉降而导致坝体裂缝。

5.2.10.1　坝体与坝基及岸坡的连接和防渗处理

（1）坝体与坝基及岸坡的连接。坝体与土质坝基连接时，坝体断面范围内应清除坝基与岸坡上的草皮、树根、含有植物的表土、蛮石、垃圾及其他废料，并应将清理后的坝基表面土层压实；坝体范围内的低强度、高压缩性软土及地震时易液化的土层，应清除或处理。

坝体与岩石坝基连接时，坝体范围内的岩石坝基与岸坡，应清除其表层松动石块、凹处积土和突出的岩石；风化层较深时，坝体宜开挖到弱风化层上部。中、低坝可酌情考虑开挖深度。应在开挖的基础上对基岩再进行灌浆等处理。开挖完毕后，宜用风水枪冲洗干净，对断层、张开节理裂隙应逐条开挖清理，并用混凝土或砂浆封堵。坝基岩面上宜设混凝土盖板，喷混凝土或喷水泥砂浆。

对失水很快且易风化的软岩（如页岩、泥岩等），开挖时宜预留保护层，待开始回填时，随挖除随回填，或开挖后喷水泥砂浆或喷混凝土保护。

坝体和岸坡的连接处宜做成斜面，设计时应尽量避免出现急剧的转折。在与防渗体连接处，岸坡表面相邻段的倾角变化不得大于100°。位于峡谷的边坡应逐渐向基础方向放缓。

（2）坝体与坝基及岸坡连接的防渗处理。坝体与坝基及岸坡连接的防渗处理，可采用与库区边坡防渗相同的处理方式。坡度较陡的高土石坝，可依据计算在坝坡选择多级锚固方式进行锚固。目前国内填埋场，如枣阳市填埋场采用的即为两级锚固方式，如图5.2所示[24]。

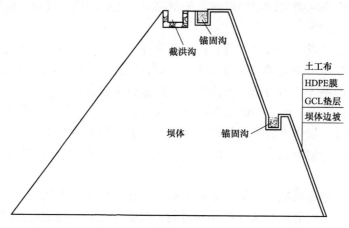

图5.2　两级锚固方式示意图

混凝土坝的防渗处理宜采用特殊锚固法进行锚固。目前国内填埋场常用的有三种特殊锚固方式：HDPE嵌钉膜、HDPE E型锁条、机械锚固。

1）HDPE嵌钉膜的抗拔拉强度大于500kPa，平均值约为745kPa。HDPE嵌钉膜可用于较平缓混凝土面的防渗，不适用于有弧度、转角的边坡防渗。HDPE嵌钉膜如图5.3所示[24]。

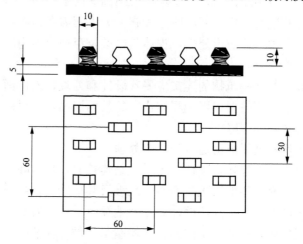

图5.3　HDPE嵌钉膜示意图（单位：mm）

2）HDPE E 型锁条的锚固爪的嵌入提供了土工膜对混凝土的高强度锚固，以防止土工膜的渗漏，适用于有弧度、转角、死角处的防渗。HDPE E 型锁条实物如图 5.4 所示[24]。

图 5.4 HDPE E 型锁条实物图

HDPE E 型锁条锚固方式及锁扣收口大样如图 5.5 所示[24]。

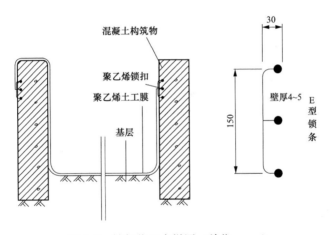

图 5.5 锁扣收口大样图（单位：mm）

3）对于在基岩上需要锚固的情况，宜采用机械锚固。机械锚固的锚固方法如图 5.6 所示[24]。

5.2.10.2 坝体与导排涵管的连接和防渗处理[24]

垃圾坝施工时，需要预先埋设涵管，以便于后期防渗系统中导排管的设置。当涵管本身设置永久伸缩缝和沉降缝时，应做好止水，并应在接缝处设隔离层；坝体下游面与坝下涵管接触处，应采用隔离层包围涵管。

穿过垃圾坝的导排管与坝体连接时，采用混凝土锚固块作为连接基座，但混凝土锚固应建在连接管后，管及膜固定在混凝土内，管子不能直接焊接在 HDPE 防渗膜上，以防止膜发生损坏。穿膜管如图 5.7 所示[24]，同时导排管应采用管靴对管子进行特别处理。管靴制造示意如图 5.8 所示[24]。

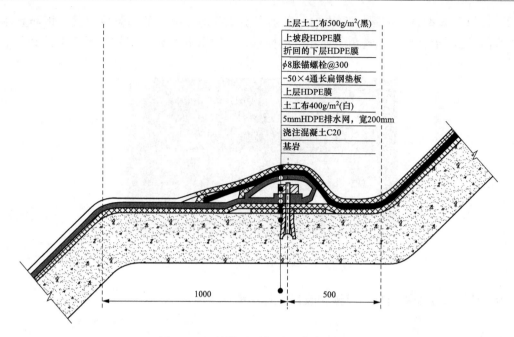

上层土工布500g/m²(黑)
上坡段HDPE膜
折回的下层HDPE膜
φ8胀锚螺栓@300
-50×4通长扁钢垫板
上层HDPE膜
土工布400g/m²(白)
5mmHDPE排水网，宽200mm
浇注混凝土C20
基岩

1000　　　500

图 5.6　机械锚固示意图（单位：mm）

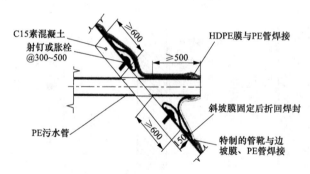

C15素混凝土
射钉或胀栓@300~500
≥600
≥500
HDPE膜与PE管焊接
斜坡膜固定后折回焊封
PE污水管
≥600
特制的管靴与边坡膜、PE管焊接

图 5.7　穿膜管构造示意图（单位：mm）

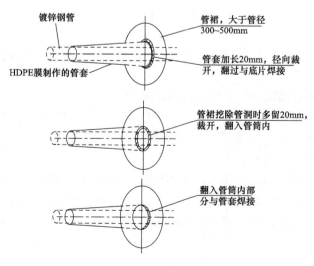

镀锌钢管
管裙，大于管径300~500mm
管套加长20mm，径向裁开，翻过与底片焊接
HDPE膜制作的管套
管裙挖除管洞时多留20mm，裁开，翻入管筒内
翻入管筒内部分与管套焊接

图 5.8　管靴制造示意图

5.2.11　坝体稳定性分析[16,23]

《生活垃圾卫生填埋技术规范》（CJJ 17—2004）中规定，应对垃圾坝进行安全稳定性分析。对于浆砌石坝和混凝土坝，抗滑稳定分析涉及抗剪强度试验方法选择、计算参数选择和稳定计算方法选择等问题。如果坝基深层存在单滑裂面、双滑裂面和多滑裂面等缓倾角结构面，坝体将沿这些薄弱面滑动破坏，所以还应对这些结构面进行抗滑稳定分析。

土石坝坝体稳定计算可参照《碾压式土石坝设计规范》中的规定执行，但由于坝体在施工、建成、垃圾填埋及封场的各个时期受到的荷载不同，应分别计算其稳定性[23]。坝体稳定性分析一般应包括下列计算工况：

（1）施工期的上、下游坝坡；

（2）填埋作业时的上、下游坝坡；

（3）封场后的下游坝坡；

（4）正常运行时遇地震或遇洪水的上、下游坝坡。

5.2.12　渗滤液处理设计[24]

解决卫生填埋场渗滤液问题，除了在填埋场设计选址阶段选择地下水位低或远离地下水源取水井和低渗透系数岩土结构的位置外，还要将渗滤液处理达标后再排放到水体，彻底消除渗滤液对环境影响的隐患。渗滤液的处理方法按是否可以就近接入城市生活污水处理厂处理，相应分成两类，即合并处理与单独处理。

渗滤液合并处理就是将渗滤液引入附近的城市污水处理厂进行处理，这也可能包括在填埋场内进行必要的预处理。这种方案处理方法的必要条件是在填埋场附近有城市污水处理厂，但若城市污水处理厂是按未考虑接纳附近填埋场的渗滤液而设计的，则其所能接纳的渗滤液比例将是很有限的。

渗滤液单独处理方法按照工艺特征又可分为生物法、物化法、土地法以及不同类别方法的综合，其中物化法又包括混凝沉淀、活性炭吸附、膜分离和化学氧化法等。混凝沉淀主要是用 Fe^{3+} 或 Al^{3+} 作混凝剂；粉末活性炭的处理效果优于粒状活性炭；膜分离法通常是运用反渗透技术；化学氧化法包括用臭气、高锰酸钾、氯气和过氧化氢等氧化剂，在高温高压条件下的湿式氧化和催化氧化（如臭氧的氧化率在高 pH 值和有紫外线辐射的条件下可以提高）。与生物法相比，物化法不受水质水量的影响，出水水质比较稳定，对渗滤液中较难生物降解的成分有较好的处理效果。土地法包括慢速渗滤系统（SR）、快速渗滤系统（RI）、表面漫流系统（OF）、湿地系统（WL）、地下渗滤处理系统（UG）及人工快渗处理系统（ARI）等多种土地处理系统，主要通过土壤颗粒的过滤、离子交换吸附、沉淀及生物降解等作用去除渗滤液中的悬浮固体和溶解成分。土地法由于投资费用省、运行费用低，从生命周期分析的角度来看是最有价值去大力研究开发的处理方法。生物法是渗滤液处理中最常用的一种方法，由于它的运行处理费用相对较低，有机物被微生物降解主要生成二氧化碳、水、甲烷，不会出现化学污泥造成二次污染的问题，所以被世界各国广泛采用。生物法处理渗滤液的难点是氨氮的去除。

5.2.13　工程实例

5.2.13.1　保康县卫生填埋场垃圾坝的坝址选择[24]

保康县卫生填埋场项目的建设规模为：日平均处理城市生活垃圾 152.29t，年均处理量 5.56 万 t，总用地面积 213 亩，总库容 189 万 m^3，使用年限 27 年，服务范围主要包括保康县城关镇及黄堡镇、后坪镇、过渡湾镇等 4 个镇。

在该卫生填埋场项目可行性研究阶段，拟在填埋场建设 1 座垃圾坝，垃圾坝坝顶长度 360m，最大坝高 55m。垃圾坝位置如图 5.9 所示[24]，该图方向向上为正北。

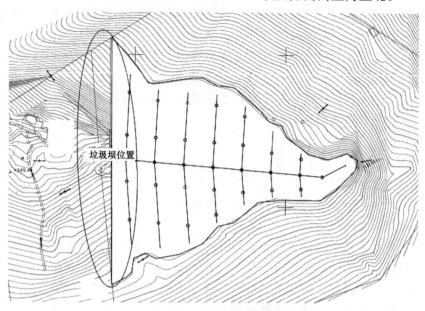

图 5.9　垃圾坝（可行性研究）位置示意图

该项目进行到初步设计阶段之后，经过对可行性研究报告及地形、地勘等资料深入研究发现，该垃圾坝体位置的选择仅仅考虑了库容的需要，并未考虑地形的实际情况、垃圾坝的安全性、地勘中地质承载力的基本情况，以至于该坝体设计高度过高，安全性得不到保障，坝体长度过长，造成不必要的经济浪费。

在初步设计过程中，对地形条件深入分析后发现，保康县卫生填埋场所选位置为一个三面环山的峡谷，如 5.2.1 所述，山谷型填埋场的垃圾坝选址应选择谷地（填埋库区）的谷口和标高相对较低的垭口或鞍部。该卫生填埋场的地形如图 5.10 所示[24]，地形西高东低，南北两端高，在中间形成一条狭窄的谷地，走向自西向东。在图中椭圆处，地形向中间略有收缩，且此处有以前形成的自然山路蜿蜒可到达，初步选为推荐的垃圾坝坝址。

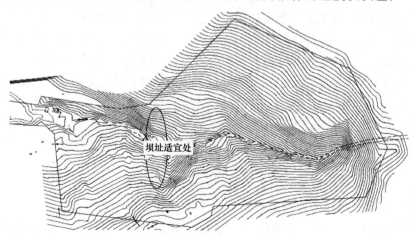

图 5.10　垃圾坝（初步设计）初选位置示意图

以此为坝址位置进行该卫生填埋场的设计，结合两端地形，初步设计坝体高度为 25m，坝顶长度为 113m，进行库容计算。经验证，库容完全满足该填埋场填埋年限 27 年的垃圾填埋量需求，对该卫生填埋场设计后如图 5.11 所示[24]（该图方向向上为正北）。

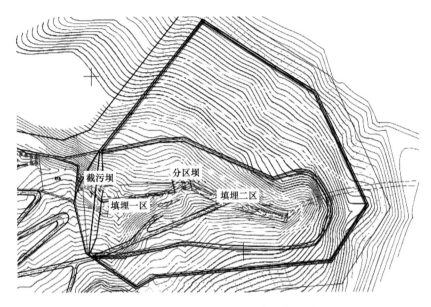

图 5.11　垃圾坝（初步设计）位置图

最终，在满足库容的情况下将垃圾坝坝顶长度由 360m 降为 113m，坝高由 55m 降为 25m，坝体顶部宽度 4m，顶部设置护栏。同时，由于场地四周缺乏黏土，存在大量石料，且该坝体高度较高，因此不宜使用黏土坝。根据地形条件及地质情况，经抗滑稳定计算，为保证坝体不因垃圾封场后受垃圾侧压而发生滑移和倾倒，设计采用浆砌石坝。坝平面布置按弧形设计，内侧采用钢筋混凝土结构，大大提高了坝体的安全稳定性，降低了工程造价。

5.2.13.2　枣阳市卫生填埋场垃圾坝的坝型和坝高选择[24]

枣阳市卫生填埋场建设规模为日平均处理城市生活垃圾 272t，年均处理量 9.93 万 t，总用地 150 亩，总库容 135 万 m³，使用年限为 12 年。

该填埋场地形为两面环山的狭长山谷，为满足填埋库容及场区雨污水分流要求，对填埋区底部按原有地形向下开挖平整，并在场区南侧与垃圾堆放场相连地方建隔水型截污垃圾坝。在场区的南侧与北侧建垃圾坝，在填埋区中部设置分区坝。结合实际地形，填埋过程中，边坡比控制在 1∶2～1∶3。垃圾坝顶以上垃圾堆体外坡设计坡度为 1∶3，垃圾最终填埋标高为 135m，最终封场标高为 138m，坡顶形成 5%～8% 的坡度。

（1）坝型选择。正如 5.2.3 所述，坝型选择需从坝高、筑坝材料、施工技术及经济合理性等来综合考虑。

1）坝型比较。垃圾坝的类型主要有四种，分别为黏土坝、土石坝、浆砌石坝和混凝土坝。针对该填埋场的建设条件，设计主要考虑对黏土坝和浆砌石坝这两种坝型进行比较，见表 5.3[24]。

表 5.3 黏土坝与浆砌块石坝综合比选

项目	坝型	
	黏土坝	浆砌石坝
工期	较短	较长
料场条件	就地取材	就地取材
施工工序	简单	简单
与库区防渗层的衔接	容易	较难
占地面积	大	较小
承受不均匀沉降能力	强	较差
地基要求	对地基承载力要求较低	地基承载力要求高，清基深度大
坝坡绿化，终场整体规划	好	一般
工程造价	较低	较高

从表 5.3 可以看出，黏土坝优势明显，它对筑坝材料要求较低，可利用库区内锚固平台构筑开挖的风化料来筑坝；对坝基地质要求不高，施工方便，工程费用较低，且黏土坝上游坝坡坡比较缓，有利于坝坡上防渗结构层的铺设。

浆砌石坝一般适用于库区附近有丰富的石料且缺少土料时的情况，对地基承载力要求较高，工程造价相对于黏土坝较高，但占地面积小，适合于坝高较高、坝顶宽度较大的坝型。

2）筑坝原料。填埋场库区有大量满足筑坝要求的黏土，石料较少。若进行黏土坝的建造，则库区挖方的土方量能满足垃圾坝及分区坝对土方的需求。

3）推荐方案。综上可知，黏土坝比较适合该场地地基条件，能利用该场区部分开挖多出的土方，同时由于该填埋场所需坝体高度并不高，因此推荐该填埋场的垃圾坝坝型选用黏土坝。

（2）坝高选择。根据本章前面所述关于坝高选择的基本要求，坝高选择应考虑三个因素：一是保证垃圾堆坡脚稳定和免遭雨水冲刷；二是要形成较大的填埋堆体库容，并可调节渗滤液的流出量；三是通过提高坝高来增加库容的同时，需要考虑工程建设投资的合理性。

由于该填埋场地形为两面环山的狭长型地形，因此需要在两端设置垃圾坝使之形成库容。为便于填埋作业和取得一定的初始库容，根据实际地形，需在填埋库区四周建三座垃圾坝，在老场与新场之间设置一垃圾坝起隔离作用，在下游设置两座垃圾坝与边坡形成渗滤液调节处。初步选定的垃圾坝位置如图 5.12 所示[24]。

结合初步选定位置处的地形条件，初步选择 1 号坝坝高为 8m，2 号坝坝高为 7m，3 号坝坝坝高为 4m。初步设计后，进行库容计算，发现库容略小，为保证填埋库容，对坝高进行了调整，调整后 1 号坝坝高 8m，坝顶长度 104.8m，坝顶宽度 4m，内外边坡坡度为 1∶2；2 号坝坝高 8m，坝顶长度 61.0m，坝顶宽度 7.5m，内外边坡坡度为 1∶2；3 号坝高 5m，坝顶长度 107.5m，坝顶宽度 4m，可以行车，内外边坡坡度为 1∶2。

填埋库区为从南至北，西边依次为填埋一区、填埋二区，东边为填埋三区，一区与二区之间用分区坝隔开；一、二区与三区之间由地形自然形成分区坝，填埋库区总平面布置如图 5.13 所示[24]。

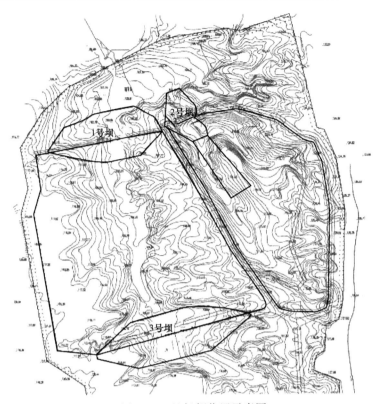

图 5.12　垃圾坝位置示意图

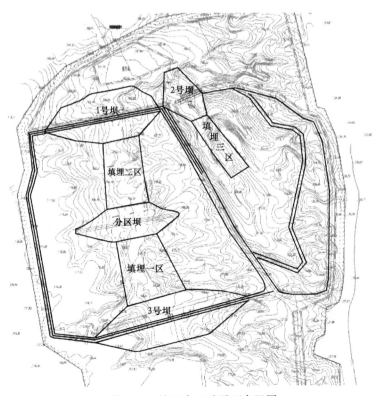

图 5.13　填埋库区总平面布置图

5.3　垃圾坝施工技术

5.3.1　土建工程施工[24]

5.3.1.1　施工准备

施工准备工作包括以下几个方面：

（1）组建现场项目部，建立各职能机构，落实安排施工队，组织有关人员熟悉施工图，了解施工意图，进行施工交底。熟悉与工程有关的施工规范及验收标准、质量标准及上级主管部门的有关规定。

（2）对施工队伍进行专业技能再培训，使每个施工人员熟练掌握工程施工有关的操作工艺；按规范进行三级安全教育和安全知识普及，提高职工的安全意识。

（3）搭建临时设施，整理施工现场及有关操作场所。组织订购施工材料进场，进行材料复试检验，报请建设方和监理方认可、验收。落实调配施工机械设备进场。

5.3.1.2　土建工程施工要求

按垃圾填埋库容设计要求，对填埋区进行基层开挖，包括土石方的开挖、运输、场地平整、压实、清理等工作，具体施工应符合下列要求：

（1）施工前查阅图纸和设计要求，了解土质种类、地下水水位等影响施工的因素，选择合适的开挖设备，合理安排人工和设备的工作节奏，保证工期。

（2）挖方范围内和填方处应清除树木、石块、杂草等，填方处场地的植物深根应予以挖除。

（3）开挖中应使场地纵横向均保持一定的坡度，纵横向坡度均应不小于2%，且坡面应过渡平缓，保证地下水和渗滤液的导排要求。

（4）开挖后对场地进行平整、压实，使基层紧密、坚实、无松土、无裂缝。

（5）当开挖出来的土方留待后道工序使用时，应集中堆放在事先选好的临时堆放区。堆放区的选择应考虑到减少运距、把好时间接点、避免重复运输等因素。土方外运时，应选择合适的运输工具，做到每天的土方不滞留在场内。

5.3.2　防渗系统工程施工[25]

5.3.2.1　HDPE膜的铺设

首先派测量人员准确丈量实际地形，把量好的尺寸详细记录在册，根据量得的尺寸进行平面规划，并选定一基准点 A 作为铺膜的起点，再依平面规划图进行裁膜，编定好每片膜的序号（$G_1 \sim G_N$），按顺序将材料卷运至施工现场相对应的位置。焊接开始前要进行焊接实验（即试焊）。试验焊接应由专业焊接技术人员完成，在所有开始阶段与即将关机前，或在设备出现故障需中断休息至少4h才能重新启动，或者当气候条件发生变化时，都应进行试焊。试焊主要是对样条进行剥离、剪切测试。所有试验焊接应在与实际相同的焊接条件下进行，一旦试验焊接质量被确认合格，则正式焊接时不得改变焊接参数，直到进行下一个试验焊接为止。

试焊完成后开始进行HDPE膜的铺设，先铺设边坡处HDPE膜，从坡项铺到坡底。铺膜时，先把膜从根据地形画的示意图 A 点平行于坡度线进行铺设，并把此时的膜编号为 G_1，顺次铺设边坡膜，编号分别为 $G_2 \sim G_x$，相邻两片膜对正搭齐、定型，并在搭接区域擦拭尘土，搭接区域的宽度一般为 10~15cm，搭接方向与铺膜基层的坡度相符。焊接时，焊机自上而下进行，一人看管焊接设备，一人擦拭待焊接处 HDPE 膜，另一人提电源线。操作人员需在安全绳或绳梯的保护下，时刻跟随焊机的运行，及时对焊机的各项技术参数进行微调，按照一定的顺序进行焊接，以便使焊机全过程都处于最佳运行状态之中，保证焊缝质量。第一道焊缝 G_1G_2 焊完后，由专人来检查修补，并做好记录。在坡顶设一锚沟，用沙袋把焊接好的膜在沟内临时压载，防止膜下滑及大风把膜吹起，然后焊接人员继续焊接后面铺设的 HDPE 膜 G_3、G_4、…、G_N。在遇到 HDPE 膜长度不够时，需要长向拼接，应先把横向焊缝 G_NG_{N+x} 焊好，再焊纵缝，横向焊缝 G_NG_{N+x}、G_NG_{N+x+1} 相距不小于 500mm，应成 T 形，不得成十字交叉。对于所有的 T 形焊缝都要进行特殊处理：应先把已焊接的焊缝压茬去掉，再用挤压机焊接此处。此处修补也称补强，用直径为 30cm 的圆形补丁修补，也可削边后直接用挤压焊机顺缝 T 形修补。

边坡的膜铺完后应立即进行填埋槽底部的 HDPE 膜铺设，底部膜要尽快与边坡膜连接上，防止下雨时雨水倒灌进膜焊接成品的下面。焊缝距离坡脚处至少 1m，铺设时与边坡要求相同，按裁好的膜尺寸一幅一幅铺设，并做好记录 G_{X+1}~G_N。两片膜之间搭接 10~15cm，边铺边焊，当天铺设当天焊完。铺设完 HDPE 膜、未覆盖保护层前，应在膜的边角和每道焊缝处每隔 2~5m 放一个沙袋，防止 HDPE 膜被风刮起。

HDPE 膜铺设过程中遇有管道需要穿过膜时，管与膜的衔接焊接应采用"管穿膜"特殊工艺进行施工。其施工要点为：HDPE 管道穿膜处一般都要设一混凝土基座，混凝土基座需要在铺膜前浇筑完成。铺膜时，先用 HDPE 膜制作成一个喇叭状的管套，小套口半径与穿膜管口径一致，大套口半径的具体尺寸安装时确定，然后把管套套进 HDPE 管，并用热风枪进行临时稳固。此时应注意不能让管套有悬空的部位，最后分别把管套的大、小套口焊接在 HDPE 膜和排放管上，如图 5.14 所示[25]。

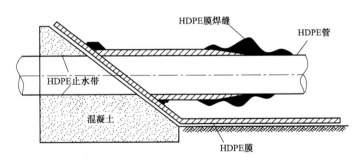

图 5.14　管与膜的衔接焊接示意图

5.3.2.2　HDPE 膜的焊接

HDPE 膜的焊接方法主要有两种，即双缝热合焊接和单缝挤压焊接，分别采用双缝热合焊机和单缝挤压焊机进行操作。

（1）热合焊机焊接的操作要点：

1）开机后，仔细观察仪表显示的温升情况，使设备充分预热。

2）向焊机中插入膜时，搭接尺寸要准确，动作要迅速。调整好 HDPE 膜的位置以减少褶皱，通过预先设置的压力齿轮使两片弯起的 HDPE 膜焊接在一起。

3）焊接过程中，司焊人员要密切注视焊缝的状况，及时调整焊接速度，以确保焊接质量。

4）焊接过程中，要保持焊缝平直、整齐，及早对膜下不平整部分采取应对措施，避免影响焊机顺利自行。遇到特殊故障时，应及时停机，避免将膜烫坏。

5）在坡度大于1∶3的坡面上施工时，司焊和辅助人员必须在软梯上操作，且系好安全带。

6）在陡坡或垂直面处作业时，司焊人员要在吊篮里或直梯上操作，均应系牢安全带。必要时，在坡顶处设置固定设施对焊机的升降进行辅助控制，以便于准确操作，并确保焊机的安全进行。

7）司焊人员必须检查焊机的电源电压是否在（220±11）V范围内，否则应即时停机检修。

（2）挤压焊机焊接的操作要点：

1）定位粘接：用热风枪将两幅膜的搭接部位粘接，粘接点的间距不宜大于60～80mm。要控制热风的温度，不可烫坏HDPE膜，又不得使其能轻易撕开。

2）打毛：用打毛机将焊缝处30～40mm宽度范围内的膜面打毛，达到彻底清洁，形成糙面，以增加其接触面积，但其深度不可超过膜厚的10%。打毛时要轻轻操作，尽量少损伤膜面。对厚度等于或大于2mm的膜，要打出倒角为45°的坡口，这样可增加挤出熔料的接触面积，使焊接效果更好。

3）焊接时要将机头对正接缝，不得焊偏，不允许滑焊、跳焊。

4）焊缝中心的厚度一般应为HDPE膜厚度的2.5倍，且不小于3mm。

5）一条接缝不能连续焊完时，接茬部分已焊焊缝要至少打毛50mm，然后进行搭焊。

6）使用的焊条，入机前必须保持清洁、干燥。不得用有油污、赃物的手套、脏布、棉纱等擦拭焊条。

7）根据气温情况及时对焊缝进行冷却处理。

8）挤压熔焊作业因故中断时，必须缓慢减少焊条挤出量，不可突然中断焊接；重新施工时应在中断处进行打毛后再焊接。

5.4　垃圾坝的运行管理

5.4.1　垃圾坝的安全监测[26]

对运行中的垃圾坝进行安全监测，能及时获得其工作性态的第一手资料，从而可评价其状态、发现异常迹象实时预警、制定适当的控制垃圾坝运行的规程，以及提出管理维修方案、减少事故、保障安全。

安全监测工作贯穿于垃圾坝建设与运行管理的全过程。垃圾坝安全监测分为设计、施工、运行三个主要阶段。监测工作包括观测方法的研究，仪器设备的研制与生产，监测设计，监测设备的埋设安装，数据的采集、传输和储存，资料的整理和分析，以及垃圾坝实测性态的分析与评价等。垃圾坝监测一般可分为现场检查和仪器监测两个部分。

5.4.1.1　现场检查

现场检查或观察就是用直觉方法或简单的工具，从建筑物外观显示出来的不正常现象中分析判断建筑物内部可能发生的问题，是一种直接维护建筑物安全运行的措施。即使有较完善监测仪器设施的工程，现场检查也是保证建筑物安全运行不可替代的手段。因为建筑物的局部破坏现象（也许是大事故的先兆）既不一定反映在所设观测点上，也不一定发生在所进行的观测时刻。

现场检查分为经常检查、定期检查和特别检查。经常检查是一种经常性、巡回性的制度式检查，一般一个月 1～2 次；定期检查需要一定的组织形式，进行较全面的检查，如每年大汛前后的检查；特别检查是发现建筑物有破坏、故障、对安全有疑虑时组织的专门性检查。

混凝土坝现场检查项目一般包括坝体、坝基和坝肩。土石坝现场检查项目一般包括土工建筑物边坡或堤（坝）脚的裂缝、渗水、塌陷等现象。

应当指出，检查是非常重要的，特别是中、小型工程，主要靠经常性的观察与检查，发现问题，及时处理。

5.4.1.2　仪器监测

（1）变形观测。变形观测包括土工、混凝土建筑物的水平及铅垂位移观测，它是判断垃圾坝正常工作的基本条件，是一项很重要的观测项目。

1）水平位移观测。水平位移观测的常用方法是：用光学或机械方法设置一条基准线，量测坝上测点相对于基准线的偏移值，即可求出测点的水平位移。按设置基准线的方法不同，分为垂线法、引张线法、视准线法、激光准直法等。坝体表面的水平位移也可用三角网法等大地测量方法施测。

a. 垂线法。垂线法是在坝内观测竖井或空腔中设置一端固定的、在铅直方向张紧的不锈钢丝，当坝体变形时，钢丝仍保持铅直，可用以测量坝内不同高程测点的位移。一般大型工程不少于 3 条，中型工程不少于 2 条。按钢丝端部固定位置和方法不同，分为正垂线法和倒垂线法。正垂线法是上端固定在坝顶附近，下端用重锤张紧钢丝，可测各测点的相对位移。倒垂线法是将不锈钢丝锚固在坝体基岩深处，顶端自由，借液体对浮子的浮力将钢丝拉紧，可测各测点的绝对位移。

b. 引张线法。引张线法是在坝内不同高程的廊道内，通过设在坝体外两岸稳固岩体上的工作基点，将不锈钢丝拉紧，以其作为基准线来测量各点的水平位移。

在大坝变形监测中，普遍采用垂线法和引张线法，较高混凝土坝坝体内部的水平位移可用正垂线法、倒垂线法或引张线法量测。目前我国采用的国产遥测垂线坐标仪和遥测引张线仪主要有电容感应式、步进电机光电跟踪式等非接触式遥测仪器，提高了观测精度和观测效率。

c. 视准线法。视准线法是在两岸稳固岸坡上便于观测处设置工作基点，在坝顶和坝坡上布置测点，利用工作基点间的视准线来测量坝体表面各测点的水平位移。这里的视准线，是指用经纬仪观察设置在对岸的固定觇标中心的视线。

d. 激光准直法。激光准直法分为大气激光准直法和真空激光准直法。前者又可分为激光经纬仪法和波带板法两种。

真空激光准直宜设在廊道中，也可设在坝顶。大气激光准直宜设在坝顶，两端点的距离不宜大于 300m，同时使激光束高出坝面和旁离建筑物 1.5m 以上；大气激光准直也可设在气温梯度较小、气流稳定的廊道内。

真空激光准直每测次应往返观测一测回，两个半测回测得偏离值之差不得大于 0.3mm。

大气激光准直每测次应观测两测回，两测回测得偏离值之差不得大于 1.5mm。

e. 三角网法。利用两个或三个已知坐标的点作为工作基点，通过对测点交会算出其坐标变化，从而确定其位移值。

2）铅直位移观测。各种垃圾坝坝型外部的铅直位移，均可采用精密水准仪测定。不同坝体的坝基基岩的铅直位移，可采用多点基岩位移计测量。

对混凝土坝坝内的铅直位移，除精密视准法外，还可采用精密连通管法量测。

土石坝的固结观测，实质上也是一种铅直位移观测。它是在坝体有代表性的断面（观测断面）内埋设横梁式固结管、深式标点组、电磁式沉降计或水管式沉降计，通过逐层测量各测点的高程变化，计算固结量。土石坝的孔隙水压力观测应与固结观测配合布置，用于了解坝体的固结程度和孔隙水压力的分布及消散情况，以便合理安排施工进度，核算坝坡的稳定性。

（2）接缝、裂缝观测。混凝土坝的伸缩缝是永久性的，随荷载、环境的变化而开合。其观测方法是在测点处埋设金属标点或用测缝计进行。需要观测空间变化时，亦可埋设"三向标点"，如图 5.15 所示。由于非正常情况所产生的裂缝，其分布、长度、宽度、深度的测量可根据不同情况采用测缝计、设标点、千分表、探伤仪以至坑探、槽探或钻孔等方法。

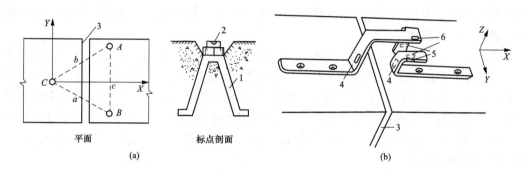

图 5.15　三向测缝计

（a）三点式金属标点结构示意图；（b）型板式三向标点结构安装示意图

1—埋件；2—卡尺测针卡着的小坑；3—伸缩缝；4—X 方向的标点；

5—Y 方向的标点；6—Z 方向的标点

A、B、C—标点

当土石坝的裂缝宽度大于 5mm，或虽不足 5mm，但较长、较深，或穿过坝轴线，以及弧形裂缝、垂直裂缝等都须进行观测。观测次数视裂缝发展情况而定。

（3）应力、应变和温度观测。在混凝土坝内设置应力、应变和温度观测点能及时了解局部范围内的应力、温度及其变化情况。

1）应力、应变观测。应力、应变的离差比位移要小得多，作为安全监控指标比较容易把握，故常以此作为分级报警指标。应力属建筑物的微观性态，是建筑物的微观反映或局部现象反映。变位或变形属于综合现象的反映。埋设在坝体某一部位的仪器出现异常，总体不一定异常；总体异常，不一定所有监测仪表都异常，但总会有一些仪表异常。我国大坝安全监测经验表明：应力、应变观测比位移观测更易于发现大坝异常的先兆。

应力、应变测器（如应力或应变计，钢筋、钢板应力计，锚索测力器等）的布置需要在设计时考虑，在施工期埋设在大坝内部，由于其对施工干扰较大，且易损坏，更难进行维修与拆换，故应认真做好。应力、应变计等需用电缆接到集线箱，再使用二次仪表进行定期或巡回检测。在取得测量数据推算实际应力时，还应考虑温度、湿度以及化学作用、物理现象（如混凝土徐变）的影响。把这部分影响去掉才是实际的应力或应变，为此还需要同时进行温度等一系列同步测量，并安装相应的测器。

土石坝的应力观测，常选择一个或两个横断面作为观测断面，在每个观测断面的不同高程上布置两个或三个排测点，测点分布在不同填筑材料区。所用仪器为土压力计。

2）温度观测。温度观测包括坝体内部温度观测、边界温度观测和基岩温度观测。温度观测的目的是掌握建筑物、建筑环境或基岩的温度分布情况及变化规律。坝体内部温度测点布置及温度观测仪器的选择应结合应力测点进行。

（4）渗流观测。据国内外统计，因渗流引起大坝出现事故或失事的约占 40%。垃圾坝渗流观测的目的，是以水在垃圾坝中的渗流规律来判断建筑物的性态及其安全情况。渗流观测的内容主要有渗流量、扬压力、浸润线、绕坝渗流和孔隙水压力等。

1）土石坝的渗流观测。土石坝渗流观测项目包括浸润线、渗流量、坝体孔隙水压力、绕坝渗流等。

a.浸润线观测。实际上就是用测压管观测坝体内各测点的渗流水位。坝体观测断面上一些测点的瞬时水位连线就是浸润线。由于上、下游水位的变化，浸润线也随时空发生变化，因此，浸润线要经常观测，以监测大坝防渗、地基渗流稳定性等情况。测压管水位常用测深锤、电测水位计等测量。测压管采用金属管或塑料管，由进水管段、导管和管口保护三部分组成。进水管段需渗水通畅、不堵塞，为此，在管壁上应钻有足够的进水孔，并在管的外壁包扎过滤层；导管用以将进水管段延伸到坝面，要求管壁不透水；管口保护用于防止雨水、地表水流入，避免石块等杂物掉入管内。测压管应在坝竣工后、蓄水之前钻孔埋设。

b.渗流量观测。一般将渗水集中到排水沟（渠）中，采用容积法、量水堰或测流（速）方法进行测量，最常用的是量水堰法。

c.坝体孔隙水压力观测。土石坝的孔隙水压力观测应与固结观测的布点相配合，其观测方法很多，使用传感器和电学测量方法有时能获得更好的效果，也易于遥测和数据采集与处理。

d.绕坝渗流观测。坝基、土石坝两岸或连接混凝土建筑物的土石坝坝体的绕坝渗流观测方法与上述方法基本相同

e.渗水透明度观测。为了判断排水设施的工作情况，检验有无发生管涌的征兆，对渗水应进行透明度观测。

2）混凝土坝的渗流观测。坝基扬压力观测多采用测压管，也可采用差动电阻式渗压计。测点沿建筑物与地基接触面布置。扬压力观测断面通常选择在最大坝高、主河床、地基较差以及设计时进行稳定计算的断面处。坝体内部渗流压力可在分层施工缝上布置差动电阻式渗压计进行观测。与土石坝不同的是，渗压计等均需预先埋设在测点处。

混凝土坝的渗流量和绕坝渗流的观测方法与土石坝相同。

5.4.2　垃圾坝评价与监控[26]

5.4.2.1　现场检查

现场检查包括对垃圾坝坝体、坝基、坝肩以及对大坝安全有重大影响的近坝岸坡和其他

与大坝安全有直接联系的建筑物等进行巡视检查。其中,对混凝土坝和土石坝进行检查的部位和重点是不同的。

5.4.2.2　评价方法

对大坝进行安全评价与监控是垃圾坝管理中的重要内容。评价大坝安全的方法较多,目前常用的是综合评价安全系数和风险分析等方法。

对大坝进行安全监控和提出监控指标是一个相当复杂的问题,有的指标可以定量,有的指标难以定量,这些问题都需要进行研究。

大坝从开始施工至竣工及其在运行期间都在不断发生变化,这些变化主要与大坝本身和外部环境等各种因素有关。因此,在评价其安全度时应当考虑这些因素和潜在危险因素,以及事故发生后的严重性等。

5.4.3　垃圾坝的维修[26]

由于垃圾坝长期与垃圾、水接触,需要承受渗流压力,有时还受侵蚀、腐蚀等化学作用;设计考虑不周或施工过程中对质量控制不严,在运行中建筑物若遭受特大暴雨、地震等预想不到的情况时就易引起破坏等,因此需要对垃圾坝进行经常性养护,发现问题,及时处理。

5.4.3.1　垃圾坝的养护

垃圾坝养护的基本要求是:严格执行各项规章制度,加强防护和事后修整工作,以保证建筑物始终处于完好的工作状态。要本着"养重于修,修重于抢"的精神,做到小坏小修,不等大修;随坏随修,不等岁修。养护工作包括以下几个方面:

(1)土石坝。坝顶、坝坡应保持整齐清洁,填塞坝面的裂缝、洞穴和局部下陷处,防止排水设施淤塞,及时修复因波浪而掀起的块石护坡等。

(2)混凝土坝。填塞混凝土裂缝,处理疏松或遭受侵蚀的混凝土。

5.4.3.2　垃圾坝的维修

(1)混凝土裂缝处理。混凝土要有足够的强度(抗拉、抗压强度等)和耐久性。由于施工质量不良及长期运行老化等原因,可能使建筑物产生裂缝等不利情况,危及建筑物的安全。对不同的裂缝,可采用不同的方法进行处理。

1)表面涂抹及贴补。表面涂抹可减少裂缝渗漏,但只能用于非过水表面的堵缝截漏。贴补就是用胶黏剂把橡皮、玻璃布等粘贴在裂缝部位的混凝土表面上,主要用于修补对结构物强度没有影响的裂缝,特别用于修补伸缩缝及温度缝。

2)齿槽嵌补。沿缝凿一深槽,槽内嵌填各种防水材料(如环氧砂浆、沥青油膏、干硬性砂浆、聚氯乙烯胶泥等),以防止内水外渗或外水内渗,主要用于修理对结构强度没有影响的裂缝。

3)灌浆处理。对于破坏建筑物整体性的贯穿性裂缝或在水下不便于采取其他措施的裂缝,宜采用灌浆法处理。较常采用的是水泥灌浆及化学灌浆。一般当裂缝宽度大于 $0.1\sim0.2mm$ 时,多采用水泥灌浆;当裂缝宽度小于 $0.1\sim0.2mm$ 时,应采用化学灌浆。化学灌浆常用的材料有水玻璃、铬木素、丙凝、丙强、聚氨酯、甲凝、环氧树脂等,后两种多用于补强加固灌浆。

(2)表面缺陷的修补。若破坏深度不大,可挖掉破坏部分,填以混凝土或用水泥喷浆、喷水泥砂浆等方法修补。当修补厚度大于 10cm 时,可采用喷混凝土,也可采用压浆法修补。

对于过水表面，为提高其抗冲能力，可采用混凝土真空作业法。此外，还可采用环氧材料修补。环氧材料主要有环氧基液、环氧石英膏、环氧砂浆、环氧混凝土等，这类材料具有较高的强度和抗渗能力，但价格较高，工艺复杂，不宜大量使用。

5.4.4 填埋作业管理[1,20]

5.4.4.1 填埋规划

对于高标准现代化大型垃圾填埋场，在正式投入使用前，制订科学合理的填埋规划非常重要，不仅能确保填埋作业符合卫生填埋规范要求，还可提高填埋场工程投资利用率，减少雨水进入垃圾体，减少渗滤液产生量，降低渗滤液出水浓度，有利于填埋气体的收集利用。填埋规划主要依据填埋区面积、填埋垃圾高度、每日进场垃圾量、场内交通等基本条件制定分区填埋规划，一般按照每个区域填埋半年至一年、填埋高度 30m 左右划分。一般填埋场投入使用前应制订分区填埋规划，包括各区域面积、容量、各区分布、交通布置、雨污分流设置等内容。

5.4.4.2 填埋作业计划

填埋作业计划是填埋场运行管理达到卫生填埋技术规范要求的组织保障。应有年、月、周、日填埋作业计划，严格按填埋作业计划进行作业管理才能确保填埋安全，并符合卫生填埋规范要求。填埋作业计划的主要内容如下：

(1) 根据填埋分区，确定每周、每日填埋作业单元，雨季备有应急作业单元；

(2) 填埋区内临时道路路线及每周道路修筑工作量；

(3) 每日卸垃圾平台位置及平台修筑工作量；

(4) 每月、每周边坡保持层施工范围控制和工作量；

(5) 每月、每周填埋气体收集井设置和安装工作量；

(6) 填埋区日覆盖工作量；

(7) 填埋区雨、污分流设施布置及工作量；

(8) 每层垃圾标高和坡度的控制，每个单元范围的控制；

(9) 填埋作业过程人员和设备安排，材料准备；

(10) 填埋作业日覆盖材料的准备和调配；

(11) 填埋作业过程安全防护和应急措施。

5.4.4.3 填埋作业技术

填埋作业技术主要包括作业单元划分、定点倾卸、摊铺、压实和覆盖等。

(1) 单元划分。分区作业是将填埋场分成若干区域，再根据计划按区域进行填埋。每个分区可以分成若干单元，每个单元通常为某一作业期（通常为一天）的作业量。填埋单元完成后，覆盖 20～30cm 厚的黏土并压实。分区作业可使每个填埋区在尽可能短的时间内封顶覆盖，有利于填埋计划有序进行，并使各个时期的垃圾分布清楚；另外，单独封闭的分区也有利于清污分流，减少渗滤液的产生量。

每天填埋单元的面积主要依据卸垃圾平台宽度、推土机摊铺运距、填埋垃圾厚度、作业面边坡坡度等条件确定。卸垃圾平台宽度主要由每日进场垃圾在现场能及时倾倒确定。例如，日处理量 1500t 的垃圾场，一般平台宽度小于 9m，推土机运距应小于 30m，填埋厚度小于 6m，坡度小于 1:3，每天形成长 30m、宽 10m、高 6m 的填埋单元。

图 5.16 所示[20]为一座填埋场的单层填埋分区计划。如果填埋场高度从基底算起超过

9m，通常在填埋场的部分区域设中间层，中间层设在高于地平面 3.0～4.5m 的地方，而不是高于基底 3.0～4.5m。在这种情况下，这一区域的中间层由 60cm 黏土和山坡表土组成。在底部分区覆盖好中间层后，上面可以开始新的填埋区。

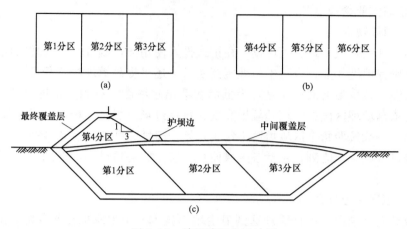

图 5.16　单层填埋分区计划
(a) 底层分区；(b) 上层分区；(c) 剖面图

　　(2) 定点倾卸。通过控制垃圾运输车辆倾倒垃圾时的位置，可以使垃圾推铺、压实和覆盖作业变得更有规划，也更加有序。如果运输车辆通过以前填平的区域，这个区域将被压得更实。

　　较合适的作业方式是计划出当天所需的作业区域，然后就地挖出覆盖材料，在第一天处置完毕后随即覆盖，第二天如此往复开辟新的作业区。在正常作业不受干扰的情况下，作业面应当尽量缩小。要做到这一点，现场指挥人员在填埋场开放期间应在作业区用哨子、喇叭或者小旗指挥进来的车辆在作业面的适当位置倾倒垃圾，并使用路障和标志规定出当天作业区。应将作业区放在作业面的顶端，因为推铺和压实从底部开始比较容易而且效率高。如果倾倒从上部开始，要注意防止垃圾被堆成一个陡峭的作业面，并影响当天的压实效果。在底部倾倒还可以减少刮走垃圾碎屑。应当保持作业区清洁、平整，以防止车辆损坏和倾翻。在小型填埋场，可能需要设置一个用做作业面的倾倒区；在大型填埋场或者在短时间内处理垃圾量较大的填埋场，应设一个人工卸车的倾卸区。如果作业面的宽度不足以进行这种作业，车辆可以行驶到上部去倾倒。

　　(3) 摊铺。摊铺是使作业面不断扩张和向外延伸的一种操作方法。垃圾可以沿斜面被摊铺并压实，称为斜面作业。这种操作尤其对于多雨地区有利于场区内减少掺滤液收集量，并防止其在作业区内堆积。斜面作业的优点是比平面作业时所用的覆盖材料少，可减少飞扬物；同时，机器向上爬坡时要比向下爬坡容易得到一个比较均匀的垃圾作业支撑面。

　　具体的填埋操作过程为：先将垃圾按从前至后的顺序铺在作业区下部，然后将其堆成约 0.6m 的坡面。推土机沿斜坡向上行驶，边行驶边整平，压实垃圾。在压实的垃圾上覆盖一层土并压实。这样就形成了卫生填埋场中许多彼此毗邻的单元，处于同一层的单元就构成"台"，完工后的填埋场就是由一层或多层"台"组成。每个单元的高度由作业区间距离而定，通常认为合适的单元高度为 2.5m，但也存在堆高为 4.5m 以上的情况。

　　为形成具有最小损害的填埋点并取得令人满意的土地恢复标准，一般摊铺作业需遵循下列原则：

1）尽可能倾斜组成相似的垃圾，且每次应在一个地区一个工作面上集中处置，并将废物倒在项部或侧斜面的下部。

2）应用带叶片或铲斗的活动机械将其散开成为一层，机械应在其上过几趟。

3）斜坡与水平面的夹角不应超过 30°，用 15～30t 的钢轮压实机在不超过 0.5m 厚的层上操作，以达到最佳压实效果。对于体积大的垃圾，应压碎或击破，以防止形成空洞。

4）可将垃圾推卸到工作面上部，但最初的压缩层厚度不应超过 2.5m。作业工作面应足够宽，以便及时卸车，避免排队或影响推土机或压实机工作。

5）建立移动式屏障，以收集随风飘散的纸和塑料膜。

6）每天应铺一层至少 15cm 厚的覆盖材料，防臭、防虫及盖住苍蝇卵，以确保外观整洁。覆盖层表面应倾斜，以利于雨水排出。

终场覆盖物，现今趋向于采用防渗垫层覆盖，夹在排水层间，用土工织物与土壤相隔。在防渗垫层和排水层上，铺设中间层加上表层土以便根系发展。通常底部和侧面的排水结构及中间和最后覆盖层的设施会明显地减少有效的垃圾填埋容量。

（4）压实。随着城市化进程的加快，垃圾填埋场的选址日趋困难，因此，延长现有填埋场的使用年限已成为政府部门和每一位经营者十分关注的问题。压实是实现这一目标的有效途径。通过压实，可以延长填埋场使用年限，减少沉降和空隙，减少虫害和蚊蝇的滋生，减少飞扬物；降低垃圾冲走的可能性或避免垃圾在雨天过多暴露；减少每天所需的日覆盖土，从而减少机器的挖土工作量；减少渗滤液和填埋气体的迁移；坚实的垃圾作业面可减少填埋机械设备的保养和维修。

压实是城市生活垃圾卫生填埋作业中一道重要的工序。通过实施压实作业，可增加填埋场的填埋量，延长作业单元区及整个填埋场的使用年限；减少垃圾孔隙率，有利于形成厌氧环境，减少渗入垃圾的降水量及蝇、蛆的滋生；有利于运输车辆进入作业区及土地资源的开发利用。

（5）覆盖。覆盖通常分为日覆盖、中间覆盖、终场覆盖三种。日覆盖是每日填埋作业完毕后及时覆盖，覆盖材料通常取材于填埋区开发过程中多余的土方或就近取土，覆盖厚度大于 15cm，次日接着填埋垃圾的斜面可用临时覆盖材料覆盖，次日揭开覆盖材料后继续填埋作业。中间覆盖是指一般一年以上才继续填埋垃圾的垃圾体表面覆盖，覆盖材料为天然土壤，厚度大于 30cm。终场覆盖是指填埋至设计标高的垃圾体表面覆盖，覆盖材料常用天然土壤，厚度依封场设计要求，通常大于 1m。

5.4.4.4　填埋作业前准备工作

（1）按边坡防渗系统保护层的设计要求，在填埋作业前做好保护层保护工作，不少填埋区边坡较陡，保护层在填埋垃圾前才能施工。因此，填埋场应有切实可行、安全的保护层施工组织方案，确保防渗层质量和进度要求。通常保护层采用碎石层，一般由下往上铺，在边坡边缘先填埋垃圾形成施工作业平台，再摊铺碎石。

（2）修筑进入填埋作业单元的临时道路。临时道路最小为双向两车道，宽度大于 6m 时可用渣土块或碎石形成路基，铺垫石粉或用特制钢板铺垫。

（3）修筑卸垃圾平台。平台用渣土或片石或钢板铺垫，面积依进场垃圾量确定。平台应尽可能小，以减少修筑平台的材料消耗。

（4）填埋气体收集井铺设，在没有回收利用填埋气体前，按 50m 间距设置填埋气体收集井。收集井结构通常为 150mm HDPE 花管外包直径 1m 左右的碎石。填埋作业过程中要不断延伸收集井，并保证收集井高于垃圾体表面 1m 以上。对气体进行回收利用的，还要按设计要求铺设水平方向的气体收集沟（管）。

（5）设置导渗系统。垃圾压实后导渗效果差，尤其是日覆盖和中间覆盖层，渗透系数更小，所以应在演埋作业前，把当天填埋单元范围内的覆盖层土方挖走，能再作覆盖土的留作当天覆盖使用；不能作覆盖土的，用于构筑填埋作业单元土坝。如仍不能解决填埋作业面渗滤液导渗问题，可增加设置水平方向的盲沟，有组织地导排表面渗滤液。

5.4.4.5　填埋作业后完善工作

（1）设置垃圾体表面雨水排水系统。按场区雨、污分流设计，及时修筑垃圾体覆盖面上的雨水边沟。由于存在垃圾体不均匀沉降，边沟通常采用水泥砂浆修筑 U 形沟槽或用废旧 HDPE 膜形成沟渠。形成完善的排水系统，及时顺畅排走填埋区表面雨水。

（2）植被恢复。为减少中间覆盖面的雨水渗入，减少水土流失，改善填埋区生态景观，通常在中间覆盖斜面种植植被；此外也可铺设绿色 HDPE 膜，其防雨水渗入效果更好。

思 考 题

1. 垃圾坝的作用及分类。
2. 垃圾坝枢纽布置的原则。
3. 垃圾坝坝型选择应考虑的因素。
4. 垃圾坝坝基处理的技术要点。
5. 垃圾坝的筑坝材料及其填筑标准。
6. 混凝土坝与坝基及岸坡连接的防渗处理方式。
7. 垃圾坝坝体稳定性分析一般应包括的计算工况。

习 题

在某山谷型场地上拟修建一座最大坝高为 10m 的垃圾坝，地基承载力中等。试述坝址和坝型选择的基本原则，并拟定坝体断面尺寸，绘制坝体断面示意图。

参 考 文 献

[1]　中华人民共和国住房和城乡建设部. 生活垃圾卫生填埋处理技术规范：GB 50869—2013 [S]. 北京：中国建筑工业出版社，2004.

[2]　冯凌溪. 垃圾填埋场重力式垃圾坝的工程设计 [J]. 中国给水排水，2009，25（8）：42-43.

[3]　US EPA. 40CFR258. Municipal Solid Waste Landfill Criteria [S]. 1991.

[4]　US EPA. Landfill Manuals Landfill Site Design [S]. 1993.

[5]　DONG Y X. The status of engineering technical standards of waste sanitary landfill treatment in China [J]. Proc. of Int. Symp. On Geoenvironmental Eng. ISGE2009, Hangzhou, China. 2009.

[6]　刘景岳，刘晶昊，徐文龙. 我国垃圾卫生填埋技术的发展历程与展望 [J]. 环境卫生工程，2007，15

（4）：58-61.

[7]　住房和城乡建设部计划财务与外事司. 中国城市建设统计年鉴：1999—2008 [M]. 北京：中国统计出版社.

[8]　丁韵. 垃圾坝设计与分析 [J]. 大坝与安全，2013 (4)：59-61.

[9]　涂帆. 设垃圾坝卫生填埋场平移破坏的统一分析模型 [J]. 岩石力学与工程学报，2009，28 (9)：1928-1935.

[10]　薛强. 非饱和流固耦合模型在垃圾坝体稳定性中应用 [J]. 辽宁工程技术大学学报，2006，25 (5)：689-691.

[11]　冯世进，陈云敏，高广运，等. 垃圾坝和界面强度对填埋场沿底部衬垫系统滑动的影响 [J]. 岩石力学与工程学报，2007，26 (1)：149-155.

[12]　高登，朱斌，陈云敏. 设垃圾坝填埋场的三楔体滑动分析 [J]. 岩石力学与工程学报，2007，26 (增2)：4378-4385.

[13]　阮晓波，孙树林，韩孝峰，等. 设垃圾坝填埋场平移破坏可靠度分析 [J]. 岩石力学与工程学报，2014，33 (增1)：2713-2719.

[14]　毛荣浪. 关于水利垃圾坝结构设计的一些探讨 [J]. 中华民居，2013 (10)：303-304.

[15]　段韬. 关于垃圾坝结构设计的一些探讨 [J]. 福建建设科技，2007 (06)：22-24.

[16]　中华人民共和国水利部. 碾压式土石坝设计规范：SL 274—2001 [S]. 北京：中国水利水电出版社，2001.

[17]　康建邨，张宁. 山谷型填埋场垃圾坝的稳定性 [J]. 环境卫生工程，2006，14 (5)：12-13.

[18]　汪益敏，苏卫国. 土的抗剪强度指标对边坡稳定分析的影响 [J]. 华南理工大学学报，2001，29 (1)：22-25.

[19]　US EPA. 40CFR258. Municipal Solid Waste Landfill Criteria [S]. 1991.

[20]　H. H. 罗扎诺夫. 土石坝. [M]. 水利电力部黄河水利委员会科技情报站译.

[21]　中华人民共和国住房和城乡建设部. 建筑地基处理技术规范：JGJ 79—2012 [S]. 北京：中国建筑工业出版社，2012.

[22]　中华人民共和国住房和城乡建设部. 建筑地基基础设计规范：GB 50007—2011 [S]. 北京：中国建筑工业出版社，2011.

[23]　苗雨，危保明，李志强，等. 生活垃圾填埋场区坝体稳定性分析 [J]. 中国环境科学学会学术年会，2009.

[24]　史波芬. 《生活垃圾卫生填埋技术导则》编制研究及工程应用 [D]. 华中科技大学，2011.

[25]　谭家升，张立国. HDPE 防渗膜在垃圾填埋场中的施工 [J]. 中国科技博览，2010 (12)：13.

[26]　林继镛. 水工建筑物. [M]. 北京. 中国水利水电出版社，2009：509-525.